PAUL-C. JAGOT

ÉTUDE NOUVELLE

SUR

L'HÉRÉDITÉ

PARIS
LIBRAIRIE THÉODORE CHACORNAC
11, QUAI SAINT-MICHEL, 11

1903

ÉTUDE NOUVELLE

SUR

L'HÉRÉDITÉ

DU MEME AUTEUR

(A la Bibliothèque Chacornac, 11, Quai Saint-Michel, Paris

———

Influence Astrale. — Un vol. in-8° carré, 1901. . **3** fr. »»
Langage Astral. — Un vol. in-8° carré, 1902 . . **6** fr. »»

PAUL FLAMBART

ANCIEN ÉLÈVE DE L'ÉCOLE POLYTECNIQUE

ÉTUDE NOUVELLE

SUR

L'HÉRÉDITÉ

ACCOMPAGNÉE D'UN RECUEIL DE NOMBREUX EXEMPLES

AVEC DESSINS DE L'AUTEUR

PARIS

BIBLIOTHÈQUE CHACORNAC

11, QUAI SAINT-MICHEL

1903

HOMMAGES

A

MESDAMES AURORE ET GABRIELLE SAND

En souvenir de nos causeries de Nohant

P. F.

Février 1903.

PREMIÈRE PARTIE

ÉTUDE NOUVELLE

SUR

L'HÉRÉDITÉ

CHAPITRE PREMIER

—

RESSEMBLANCES
HÉRÉDITAIRES DANS LA DISPOSITION DES ASTRES
AU MOMENT DE LA NATIVITÉ

Si, au lieu de parler d'une *date de naissance*, nous voulions exprimer la réalité astronomique qui lui correspond, nous dirions, pour le 24 août 1838 je suppose, que le Soleil entrait dans le signe de la Vierge, que la Lune traversait le milieu de la Balance, tandis que Mercure et Jupiter étaient en conjonction..... et ainsi de suite pour les autres planètes. Pour indiquer l'heure, nous définirions la place du Soleil par rapport au méridien du lieu.

En résumé, si nous parlions comme les savants anciens, moins détournés que beaucoup de modernes des vérités immuables de la nature, une *date quel-*

1

conque du calendrier évoquerait pour nous un ciel correspondant. Et, dans chaque famille, les dates des naissances ainsi exprimées, conduiraient naturellement aux remarques qui s'imposent dans l'étude que nous allons faire.

L'état du ciel, représenté pour chaque naissance, montre en effet clairement des similitudes d'aspects planétaires entre les membres d'une même famille. Il est possible que ces ressemblances astrales entre consanguins aient paru, aux premiers astronomes, aussi naturelles que les ressemblances physiques observées par nous. Toutefois les livres anciens paraissent muets sur ces données astronomiques de l'hérédité.

Les mystères de l'atavisme, toujours si troublants, deviennent, comme on va le voir, un peu moins obscurs avec la lumière des astres.

Notre recueil d'exemples exprimera ces vérités mieux que toute discussion, et donnera une idée assez nette de la forme astronomique que prend l'hérédité directe, ancestrale ou collatérale entre parents divers.

Les exemples frappent plus ou moins ; mais avec l'habitude des figures célestes, certains caractères de filiation astrale peuvent être presque toujours relevés si l'on remonte deux ou trois générations au plus.

Pour celui qui connaît le langage des astres, le ciel de la naissance acquiert une véritable expression physiognomonique. Il est donc indispensable de commencer par expliquer le schéma adopté pour représenter ce ciel.

— La figure astronomique très simple ne doit pas

effrayer et n'a rien d'arbitraire. Elle représente rigoureusement l'aspect du ciel pour un moment et pour un lieu donnés, et sous une forme qui exprime mieux que toute autre la transmission d'hérédité céleste ; cette remarque semble justifier le mode de représentation choisi.

L'étude suivante n'est qu'un développement, avec exemples nombreux à l'appui, des opinions émises dans « atavisme astral » (1), ainsi que dans plusieurs articles de revues (2) publiés de 1898 à 1900, (articles réunis en 1901 sous le titre d' « Influence astrale »).

(1) *Revue du Monde Invisible*, n° du 15 janvier 1900.
(2) Entre autres articles : *Nouvelle Revue*, n° du 15 mai 1898.

CHAPITRE II

—

REPRÉSENTATION DU CIEL DE NATIVITÉ
POUR UN MOMENT ET UN LIEU DONNÉS

Zodiaque. — On envisagera le système *apparent*
du ciel. Le cercle à douze secteurs figure le *Zodiaque*
et ses douze signes. Chacun d'eux a 30 degrés comptés
dans le sens de la flèche. La circonférence représente

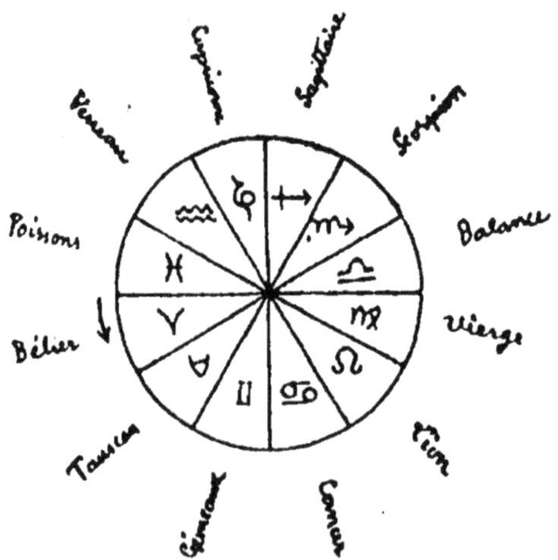

l'*Ecliptique* ou trajet apparent du Soleil en une
année sur la voûte céleste ; cette figure est, si l'on
veut, une section de la sphère céleste assimilée à une

orange à douze tranches zodiacales, et qui serait coupée en deux parties égales, perpendiculairement à l'axe commun de celles-ci.

Tous les symboles employés pour le Zodiaque et les planètes, sont les symboles conventionnels admis dans les traités d'astronomie.

Planètes. — Les planètes sont représentées comme il suit :

Soleil	Lune	Mercure	Vénus	Mars	Jupiter	Saturne	Uranus	Neptune
☉	☽	☿	♀	♂	♃	♄	♅	♆

Les planètes, très voisines de l'Écliptique sur la sphère céleste, sont mises en place par leurs *longitudes* (comptées en degrés et minutes du signe où elles se trouvent). La figure suivante représente, à titre d'exemple, la nativité du Comte de Paris, né sous le ciel qui a pour données :

Latitude 48°,50' — 24 août 1838 — 2ʰ,45 minutes soir
(au méridien de Paris.)

Ascendant et Milieu du Ciel. — Le Zodiaque fait un tour par jour dans le ciel : le mouvement diurne l'entraîne dans le sens contraire à celui où nous avons compté précédemment les douze signes.

Les deux lignes MC et As figurent les traces du méridien et de l'horizon sur l'Écliptique, au moment considéré.

Le 15ᵉ degré de la Balance qui passait au méridien au moment et au lieu de la nativité est appelé *Milieu du Ciel*, désigné par MC.

Le 16ᵉ degré du Sagittaire qui se levait à l'orient est appelé *Ascendant*, désigné par As.

Ces deux points qui dépendent de l'*heure locale* et de la *latitude géographique* du lieu, déterminent en somme l'orientation du Zodiaque dans le ciel, à la naissance. On a représenté en pointillé le méridien inférieur et l'horizon occidental, à l'opposé des deux points précédents.

Maisons. — La représentation graphique pourrait s'arrêter là puisqu'elle contient la détermination céleste et locale des planètes, en même temps que

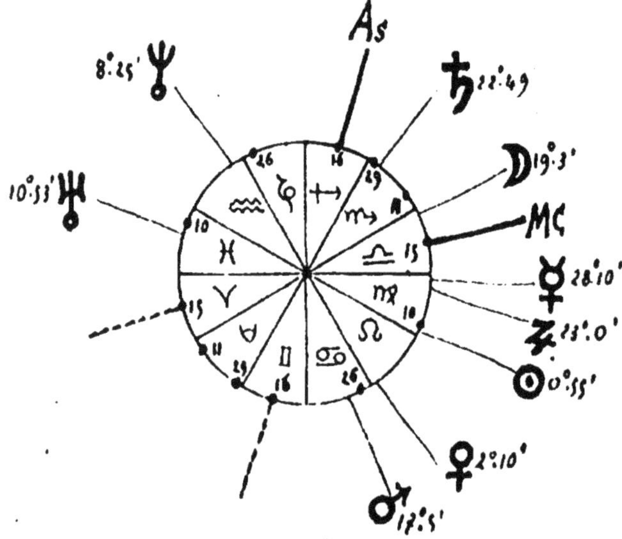

celle du Zodiaque tout entier. Il est en effet facile de concevoir qu'une telle figure donne, non seulement la disposition de notre système planétaire, mais encore l'aspect complet de la voûte céleste, si l'on suppose le Zodiaque fixé sur elle. Toutefois, pour préciser les positions des planètes par rapport au méridien et à l'horizon du lieu, on est amené à faire un nouveau partage de la sphère céleste en douze fuseaux, à partir de l'horizon, avec la méridienne comme axe. Ces douze fuseaux coupent la circonférence zodiacale en douze points inégalement répartis mais diamétralement opposés deux à deux. Ce sont les douze points indiqués sur la figure par les divisions (exprimées en degrés de chaque signe) qu'on a écrites à l'intérieur du cercle.

Les douze nouveaux secteurs ainsi obtenus sont nommés *maisons* et numérotés de 1 à XII, à partir de l'Ascendant et en suivant l'ordre habituel des signes du Zodiaque. Dans l'exemple ci-dessus la maison I sera comprise entre le 16° degré du Sagittaire et le 26° degré du Capricorne..... On dira que Neptune est en maison II, que la Lune est en maison X, etc.

Des calculs astronomiques très compliqués peuvent être remplacés par des tables très simples qu'on trouve dans certains ouvrages (*Éphémérides anglaises de Raphael,* entre autres) (1).

Ces tables permettent d'ériger presque instantanément la figure céleste qui va servir de base à toute notre étude, et dont les données sont : la *latitude* du lieu, la *date* et l'*heure locale* de nativité.

On admettra que l'heure de nativité (sur laquelle il est souvent difficile d'être bien renseigné) est le moment où le nouveau-né est *séparé* de la mère, lors de l'*accouchement normal.*

Les longitudes des planètes sont calculées pour ce moment là, ce qu'il est toujours facile de faire quand on connaît la longitude géographique du lieu de naissance.

(1) « Ephéméride de Raphael » (une brochure par année, de 1700 à 1903). Bibliothèque Chacornac, 11, quai Saint Michel.

CHAPITRE III

—

ÉTUDE COMPARATIVE DES FIGURES DE NATIVITÉ

Aspects. — D'une façon générale, on appelle *aspect* entre deux planètes ou points quelconques du Zodiaque, l'arc de cercle qui les sépare sur la figure.

Les aspects les plus employés dans le langage astronomique — pour la Lune et le Soleil par exemple — sont les suivants :

1º *Opposition*, correspondant à deux points distants d'un demi-cercle.
2º *Trigone*   »   »   »   d'un tiers de cerle.
3º *Quadrature*   »   ,   »   »   d'un quart de cercle.
4º *Sextile*   »   »   »   d'un sixième de cercle.
5º *Conjonction*, correspondant à deux points au même lieu.

— Un aspect particulier est rarement exact ; dans la pratique nous l'admettrons formé s'il se présente à une dizaine de degrés près environ. On comprendra pourquoi dans la suite.

Dans l'exemple précédent, Mars et Saturne sont dits en *trigone*, Mercure et Jupiter en *conjonction*, le Soleil et Saturne en *quadrature*, etc.

— Un autre mode de liaison des planètes entre elles, est constitué par la similitude de leurs *décli-*

naisons. Malgré son importance, nous ne faisons que le mentionner pour simplifier l'étude.

— Ici s'arrête la partie astronomique de la question aussi résumée que possible. Pour plus de détails nous renvoyons à la « Représentation du ciel de nativité » donnée dans « Langage astral ».

Résumé des facteurs astronomiques qui caractérisent un ciel de nativité. — Dans l'étude comparative des nativités entre parents, nos observations porteront sur les quatre catégories de facteurs suivants qui expriment l'aspect complet du Ciel :

1° *Lieux planétaires du Zodiaque*, offrant des similitudes jusqu'à une dizaine de degrés près, et surtout importants quand ils sont dans le même signe.

2° *Aspects* des planètes entre elles.

3° *Ascendant et milieu du Ciel*, déterminant l'orientation du Zodiaque.

4° *Maisons* des planètes déterminant leur position par rapport au méridien et à l'horizon.

Variations des facteurs astronomiques. — Pour se rendre compte de la valeur des ressemblances héréditaires qui suivent, il est nécessaire de savoir approximativement comment varient, dans le Zodiaque, les facteurs employés.

Sans se livrer au calcul des probabilités (souvent illusoire et en tout cas fort compliqué ici), il suffit de se reporter aux durées approximatives des révolutions astrales dans le Zodiaque :

— *Neptune* met près de 165 ans à parcourir les douze signes ;

— *Uranus*, 84 ans environ ;

— *Saturne*, 29 ans et 6 mois ;

— *Jupiter*, 12 ans environ ;

— *Mars*, qui fait sa révolution autour du Soleil en 687 jours, présente dans le Zodiaque des déplacements apparents plus rapides que les précédents, mais assez irréguliers ;

— *Mercure* et *Vénus*, voisins du Soleil dans sa marche apparente, mettent approximativement une année, avec mouvements directs et rétrogrades assez complexes ;

— Le *Soleil* met un an, en avançant d'un degré par jour ;

— La *Lune* met environ 27 jours à parcourir tous les signes, soit 12 à 15 degrés par jour ;

— L'*Ascendant* et le *Milieu du Ciel* font naturellement le tour complet du Zodiaque en une journée pour un lieu donné.

La marche *directe* de tous ces facteurs est indiquée par la flèche de la première figure.

Cet aperçu général est à retenir pour comprendre la portée des analogies héréditaires dont tout lecteur sera frappé à première vue, s'il est de bonne foi. Pour en faciliter les remarques, les similitudes principales des figures ont été indiquées en traits renforcés.

Pour juger un ciel de naissance, il est bon de procéder dans l'ordre des appréciations déjà données plus haut : à l'inspection seule d'une figure, les lieux où se trouvent Neptune et Uranus montrent déjà dans quel *siècle* on est. Saturne précise la *période de trente ans* et Jupiter *celle de douze*. Mars restreint encore l'espace de temps; puis le Soleil, traversant régulièrement les douze signes du Zodiaque en un an, désigne clairement le *mois*. La Lune caractérise la journée, car elle s'avance en sens direct, d'environ un demi-signe zodiacal en 24 heures. Enfin l'Ascendant et le Milieu du Ciel indiquent l'*heure* et le *lieu* d'une façon très précise.

L'importance de ces considérations est facile à saisir : les planètes lentes ont entre elles des aspects très légèrement variables pendant plusieurs jours ; quand elles ne donnent pas de similitudes héréditaires vers l'époque normale de la naissance, c'est généralement la Lune, l'Ascendant et le Milieu du Ciel qui transmettent les notes d'atavisme astral.

Certains aspects, comme la conjonction du Soleil et de Vénus, sont relativement fréquents et durent plusieurs jours. Aussi n'insistera-t-on pas sur eux, à moins que leur combinaison avec d'autres plus remarquables forme des notes vraiment typiques.

Dans les exemples choisis, les données de nativité ont été recherchées avec autant de précision que possible. Plusieurs dates à heure inconnue figurent cependant, car leur journée seule correspondait à des aspects stationnaires nettement significatifs.

En admettant même des erreurs possibles dans les dates enregistrées et les coïncidences à rejeter qui s'en suivraient, ce recueil est assez nombreux pour justifier les conclusions générales qu'on verra plus loin.

———

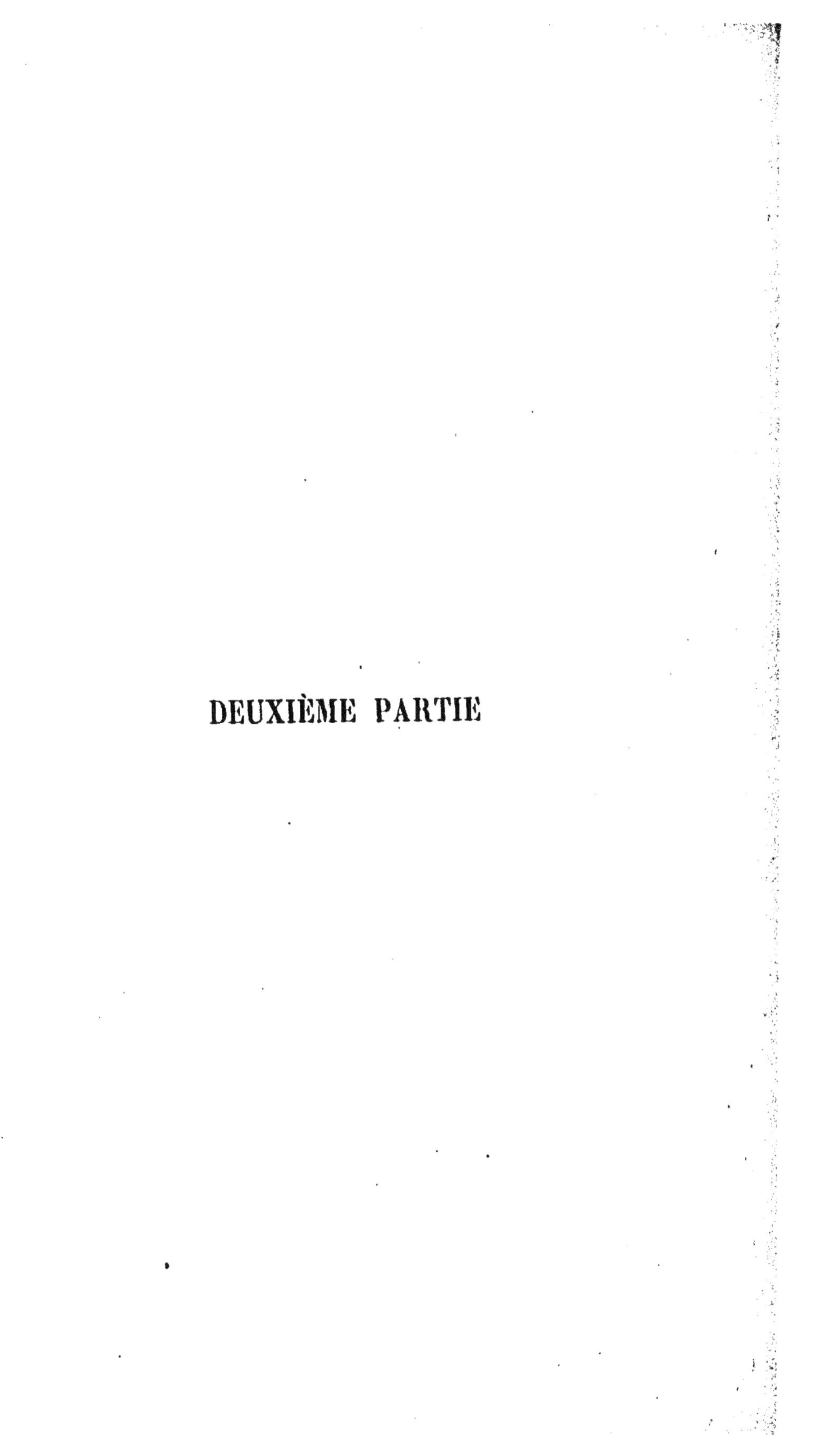

DEUXIÈME PARTIE

PREMIER EXEMPLE

—

DEUX FRÈRES
(DE BORNIER)

Les nativités de Henri de Bornier l'académicien, et de son frère ont pour données :

Henri de Bornier : — Latitude 43°,36′ — 24 décembre 1825
— 10 heures matin
Charles de Bornier : — Latitude 43°,36′ — 30 janvier 1825
— 6 heures soir

L'ordre des figures est celui des données, pour cet exemple et les suivants. La ressemblance héréditaire est indiquée par cinq planètes respectivement dans les mêmes signes et disposées en deux groupes : une triple conjonction identique dans le Capricorne, formée par Mercure, Uranus et Neptune ; puis, dans les Gémeaux, la présence de Saturne et de la Lune, cette dernière exactement au même lieu dans les deux cas.

L'heure de la journée n'intervient dans la similitude que par la position lunaire qui offre le maximum de ressemblance pour les deux moments de nativité.

Il y avait là, probablement, une reproduction de note ancestrale que nous ignorons.

En résumé, l'exemple d'hérédité porte :

1° Sur les lieux zodiacaux de 5 planètes dont 4 sont exactement les mêmes.

2° Sur les aspects résultant de ces positions, Saturne n'étant plus toutefois en conjonction avec la Lune chez le frère aîné.

Les maisons n'ont aucun rôle apparent, mais la disposition seule des planètes dans le zodiaque, pour les deux nativités, présente des analogies spéciales. Il faudrait beaucoup d'années pour en retrouver d'aussi frappantes.

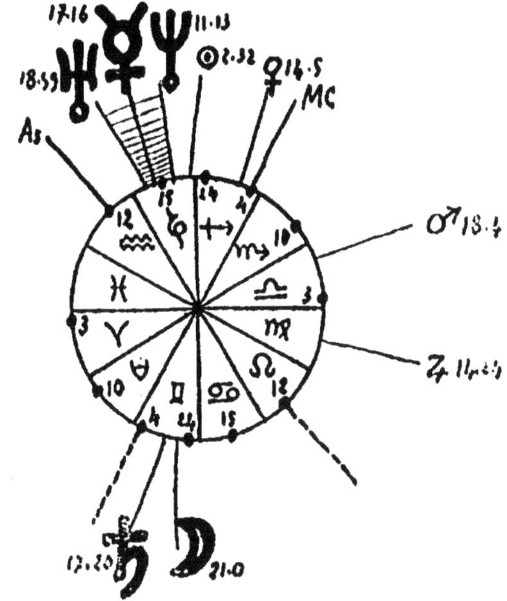

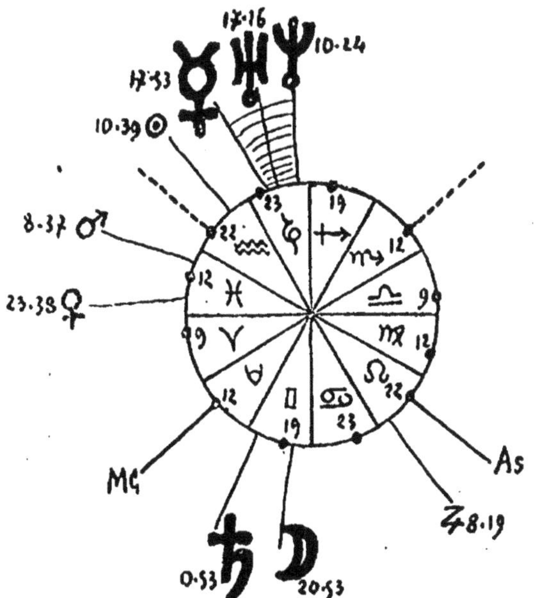

DEUXIÈME EXEMPLE

—

PÈRE ET FILLE

Docteur S. : — Latitude 48°,50' — 8 mai 1851 — 9 h. 15 m. matin
Mlle S. : — Latitude 48°,50' — 4 mai 1875 — 9 h. 30 m. matin

L'hérédité paternelle est ici manifeste :

1° On voit tout d'abord trois planètes aux mêmes
lieux du Zodiaque (Vénus, Jupiter et le Soleil). Cette
note, restant sensiblement la même pendant plusieurs
jours, ne peut se présenter qu'une fois pour chaque
révolution de Jupiter, c'est-à-dire pendant douze
années ;

2° On trouve le même aspect trigone entre Mars et
la Lune, quoique à des places différentes. Ce trigone
héréditaire était spécial à la journée de nativité de
la fille et s'amorçait par la marche de la Lune vers
3 heures du matin seulement ;

3° Les conditions qui précèdent étant remplies, la
nativité de l'enfant s'est opérée au moment où le
Milieu du ciel et l'Ascendant devenaient identiques à

ceux du père, — instant précis de maximum de ressemblance paternelle dans la journée de nativité ;

4° Vénus en maison X est en conjonction du Milieu du Ciel chez les deux ; enfin le Soleil et Jupiter occupent respectivement des maisons semblables (XI et IV).

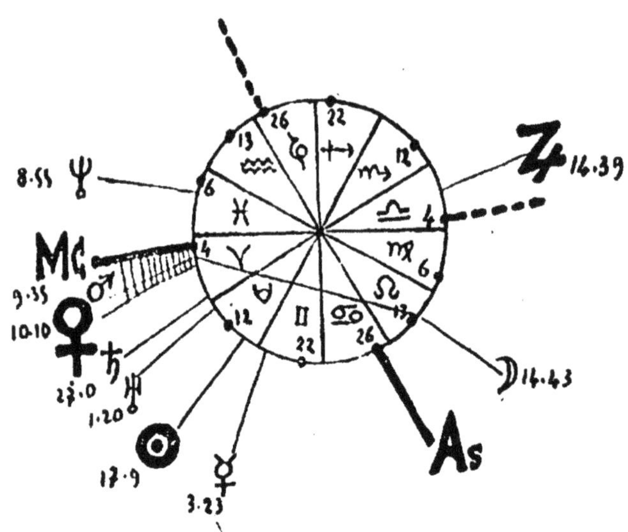

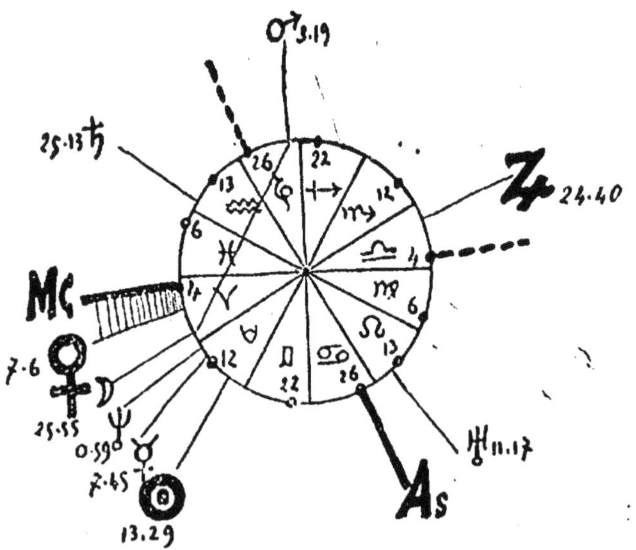

TROISIÈME EXEMPLE

PÈRE ET FILS

(DUC D'ORLÉANS ET COMTE DE PARIS)

Duc d'Orléans : — Latitude 38°,6' — 3 septembre 1810
Comte de Paris : — Latitude 48°,50' — 24 août 1838 — 2 h. 45 m.
soir

Nous n'avons pu avoir l'heure de nativité du père,
mais les planètes seules montrent des coïncidences
de journée assez frappantes : le Soleil, Mercure, la
Lune et Saturne, en régions analogues dans le Zodiaque, ont une disposition relative offrant les mêmes
aspects entre eux. Comme Saturne ne retourne au
même lieu que tous les trente ans, on aurait de la
peine à trouver trois ou quatre journées en un siècle,
donnant des notes aussi saillantes.

En outre, l'aspect trigone entre Mars et Saturne est
commun aux deux figures.

Une remarque d'atavisme est à faire ici : ces deux
nativités comportent Mercure à la même place zodiacale que celle qu'on trouve chez Louis-Philippe,
père du duc d'Orléans, né le 6 octobre 1773.

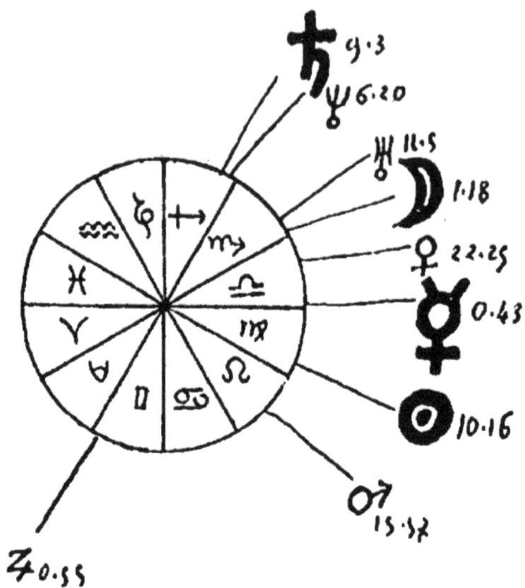

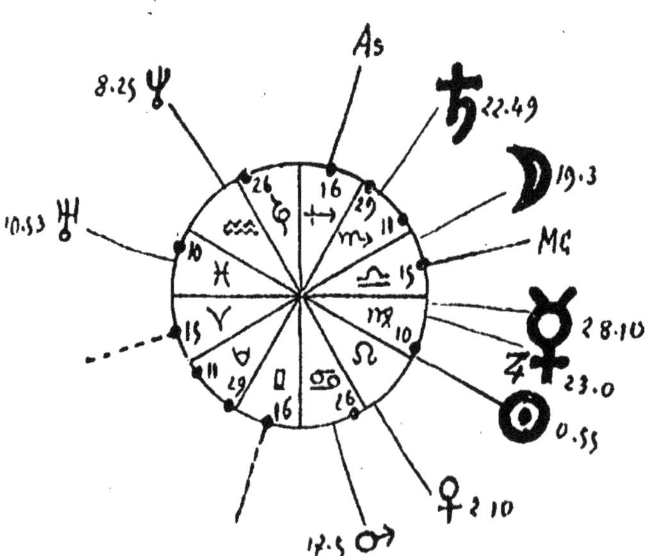

QUATRIÈME EXEMPLE

—

DEUX FRÈRES

(DE BROGLIES)

Prince Albert de Broglies : — Latitude 48°,50' — 13 juin 1821
Abbé de Broglies : — Latitude 48°,50' — 18 juin 1834

Les Zodiaques seuls de la journée ont des correspondances marquées principalement par quatre planètes dans les mêmes signes. La Lune, le Soleil et Mercure sont à peu près les mêmes. Vénus, quoique ayant changé de signe, a un rôle assez analogue par les mêmes aspects dans les deux cas : conjonction de Mercure et sextile de Jupiter.

Enfin le trigone commun entre Saturne et Neptune est encore à signaler.

Il est facile de constater qu'étant donné l'année 1834, il était impossible de trouver une journée où la disposition des planètes fut plus conforme à celle du frère de 1821.

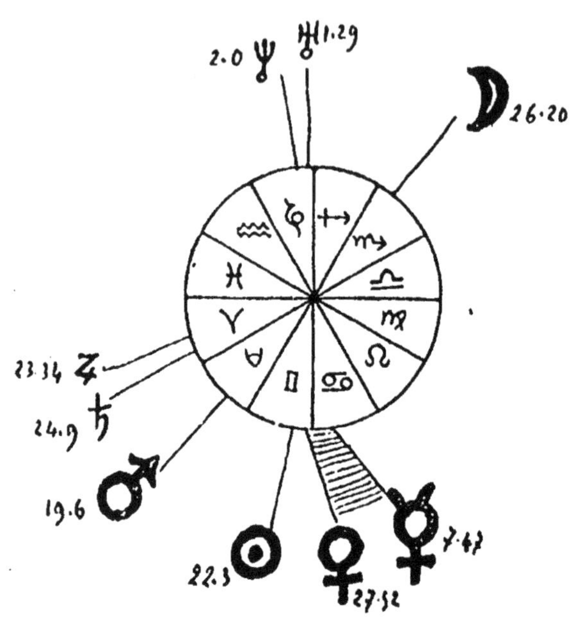

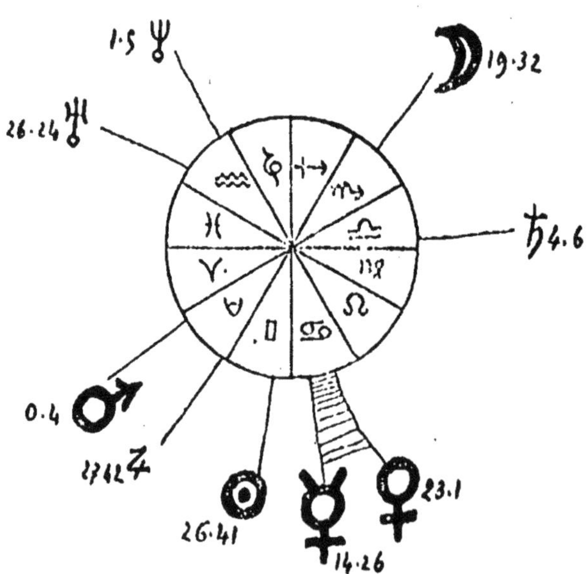

CINQUIÈME EXEMPLE

—

MÈRE ET FILS

Mère : Latitude 44°,55' — 11 mai 1854 — 2 heures matin
Fils : Latitude 48°,50' — 11 avril 1884 — 4 heures matin

Ici toutes les catégories de facteurs astronomiques jouent un rôle transmetteur d'hérédité :

On remarque d'abord trois planètes, Mercure, Saturne et la Lune, situées aux mêmes lieux du Zodiaque avec aspects identiques entre eux. Mars est dans les deux figures, en maison VI, bien qu'ayant changé de signe.

Jupiter à des places opposées, conserve sa double quadrature avec la Lune et Mercure.

Notons encore le Soleil et Vénus également distants. La journée seule de la naissance du fils, par ces positions dans le Zodiaque (pour la Lune en particulier), était exceptionnelle comme analogies planétaires.

Enfin, la nativité s'est opérée au moment précis où le Zodiaque, déjà très ressemblant à celui de la mère, présentait au lieu de naissance une orientation identique, c'est-à-dire donnait même Milieu du Ciel et même Ascendant.

En résumé : l'année, le mois, le jour et l'heure précise, tout concorde ici pour aboutir au maximum de ressemblance astrale.

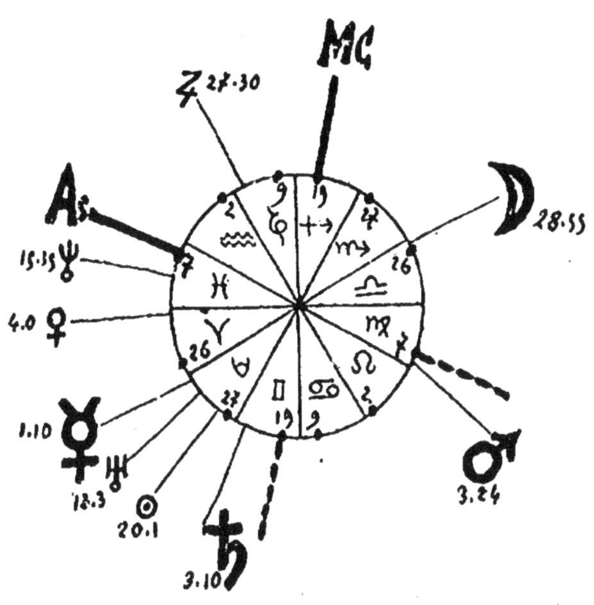

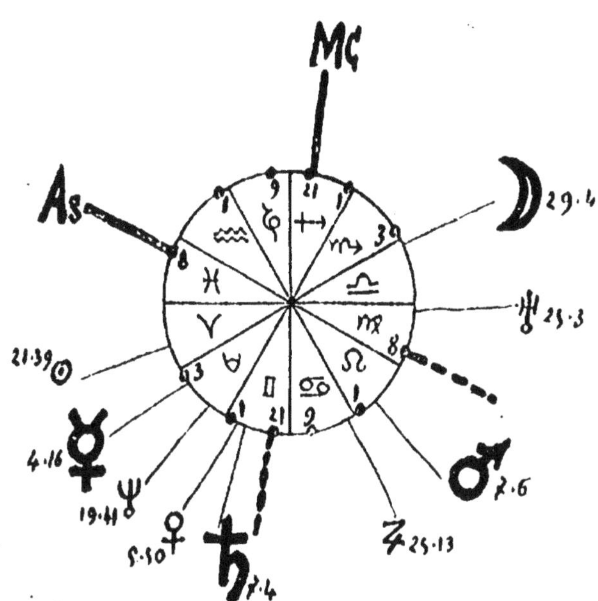

SIXIÈME EXEMPLE

—

DEUX SŒURS

Latitude 46° — 31 janvier 1874 — midi
Latitude 46° — 8 mai 1881   — 3ʰ,30 minutes matin

Les heures de nativité semblent n'apporter aucune
analogie héréditaire ; mais le groupement des planètes, au point de vue des aspects, est très remarquable :

Chez la jeune sœur, on voit, en effet, réappa-
raître la quadruple conjonction de Saturne, Vénus,
Mercure et le Soleil, ainsi que la conjonction de la
Lune et d'Uranus.

En outre, Mars occupe le même lieu du Zodiaque.

Il faudrait bien des années pour retrouver une seule
journée présentant deux conjonctions aussi typiques
accompagnées d'une ponsition martienne équivalente.

———————

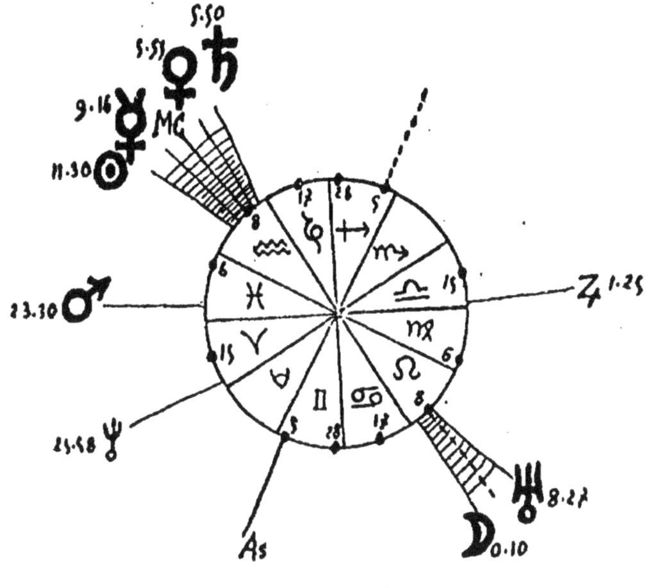

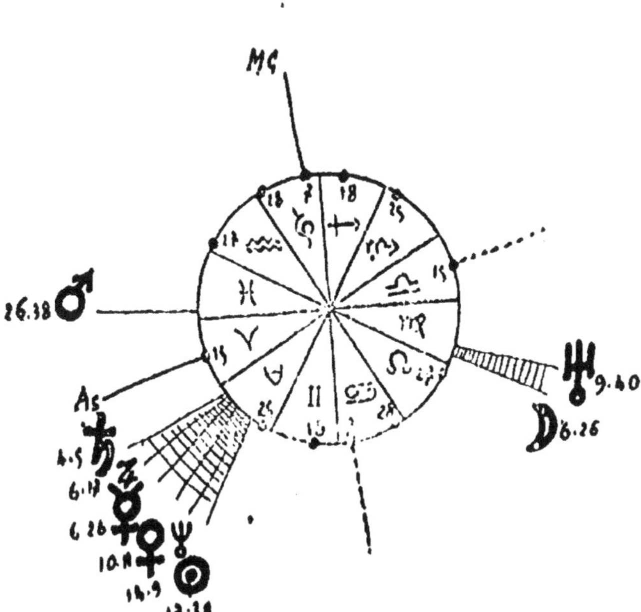

SEPTIÈME EXEMPLE

—

DEUX SŒURS

Latitude 48° — 31 janvier 1872 — 11 heures matin
Latitude 48° — 21 janvier 1873 — 3 heures matin

Six planètes, occupant les mêmes lieux du Zodiaque, sont d'abord à noter.

Comme aspects identiques, on voit Saturne dans les deux figures en double quadrature avec la Lune et Neptune.

La journée, ainsi qu'il arrive souvent, a une analogie héréditaire puissamment renforcée par la Lune au même lieu.

L'heure de nativité a un rôle secondaire : toutefois il faut remarquer que la ligne indiquant l'horizon dans le Zodiaque est la même dans les deux figures (les deux Ascendants étant opposés). — C'est un cas d'atavisme fréquent à signaler.

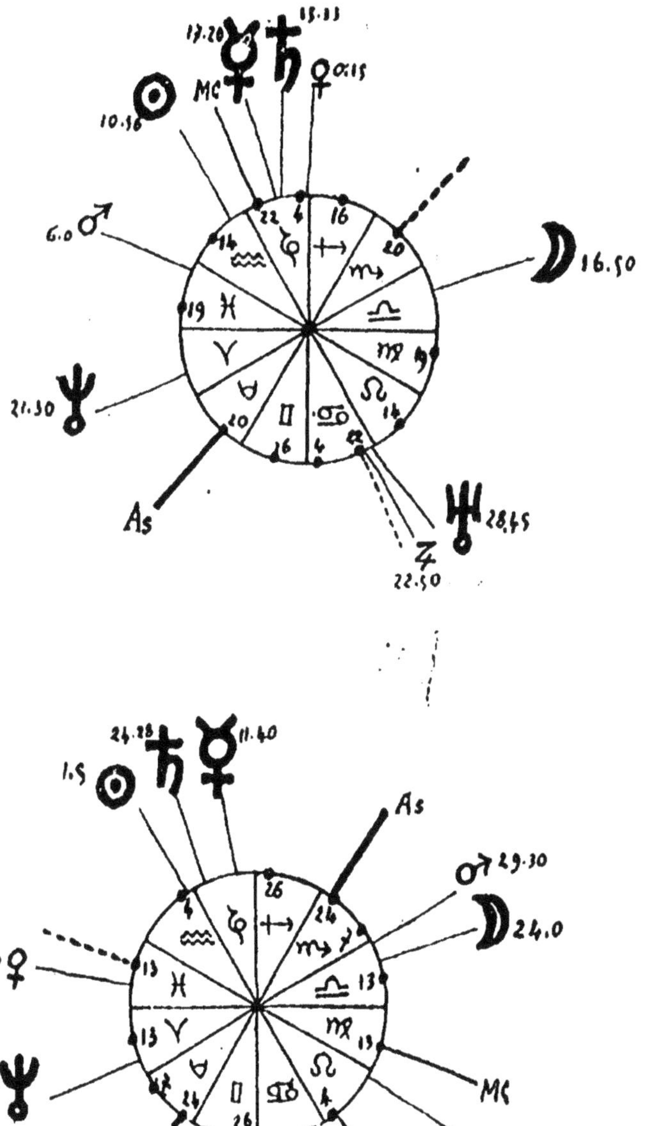

HUITIÈME EXEMPLE

PÈRE ET FILS

Père : — Latitude 47°,13′ — 17 janvier 1863 — midi 30 minutes
Fils : — Latitude 47° — 7 janvier 1893 — 1 heure soir

Le Soleil et Saturne occupent les mêmes lieux du Zodiaque.

Comme aspects semblables, on voit le Soleil en double quadrature avec Mars et Jupiter dans les deux figures ; puis Mercure et Vénus en conjonction.

Le Soleil et Mars occupent respectivement les mêmes maisons (IX et XII).

Enfin les heures de naissance correspondent à un maximum de similitude par l'Ascendant et le Milieu du Ciel identiques.

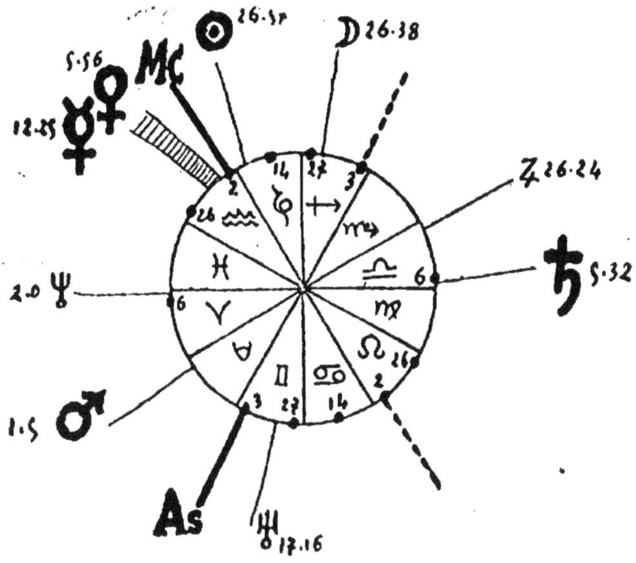

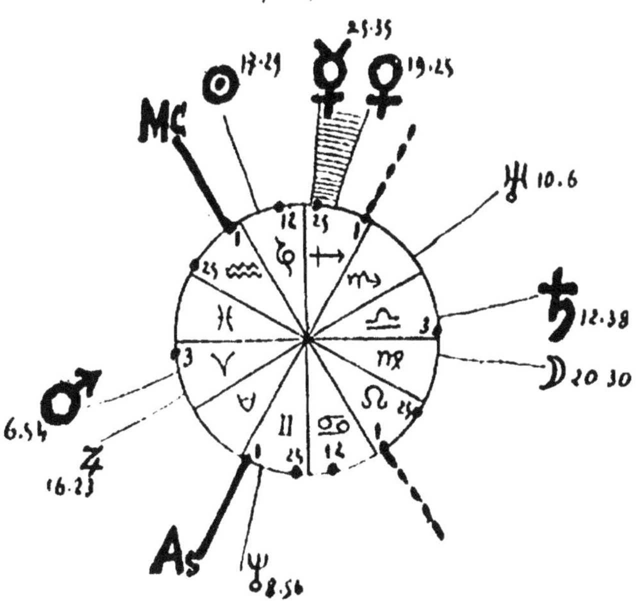

NEUVIÈME EXEMPLE

—

DEUX SŒURS

Latitude 48° — 25 septembre 1875 — 10 heures matin
Latitude 48° — 26 mars 1877   — 10 heures soir

Trois planètes, Mars, Uranus, Neptune sont aux mêmes places. Les aspects semblables sont : la conjonction du Soleil et de Vénus, la quadrature (à dix degrés près) du Soleil et de Mars, l'opposition de la Lune et de Saturne, les mêmes aspects de sextile entre l'Ascendant et Mars, et de quadrature entre l'Ascendant et Uranus.

Enfin l'Ascendant et le Milieu du Ciel sont les mêmes et correspondent à un moment qui était tout indiqué dans la journée de naissance de la jeune sœur pour lui donner le maximum de ressemblance avec son aînée.

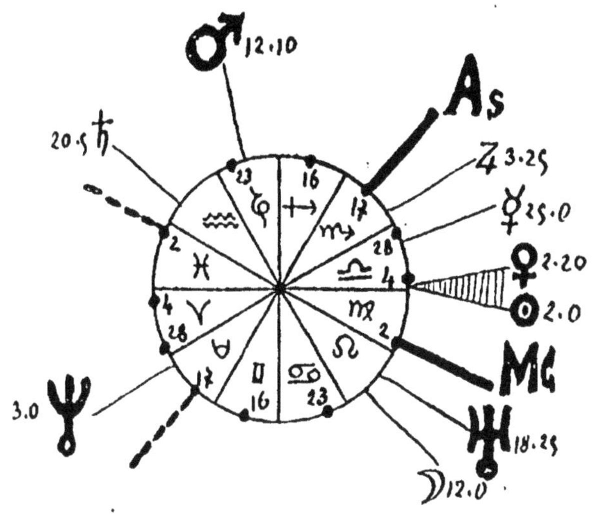

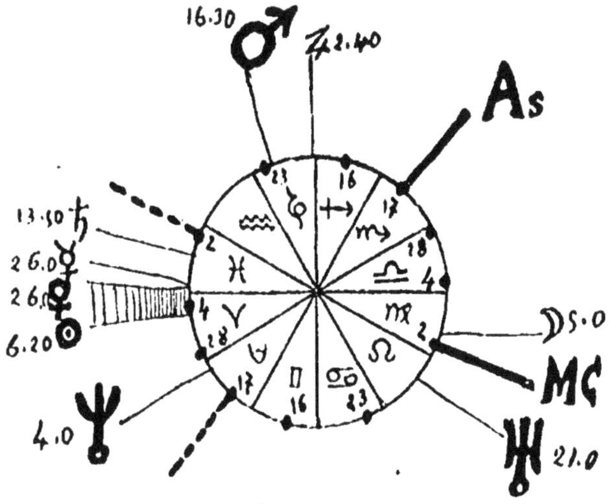

DIXIÈME EXEMPLE

PÈRE ET FILLE

Père : Latitude 43°,42′ — 30 janvier 1869 — 6 heures soir
Fille : Latitude 46°,5′ — 2 février 1901 — 3 heures matin

Mars, Vénus, Mercure et le Soleil occupent les mêmes lieux du Zodiaque.

L'heure de nativité de l'enfant semble peu concourir aux similitudes d'hérédité directe.

Du côté de la mère qui est née sous le Ciel :

Latitude 46°,5′ — 25 avril 1881 — 4 heures soir, l'hérédité astrale s'est manifestée par la conjonction reproduite entre Saturne et Jupiter.

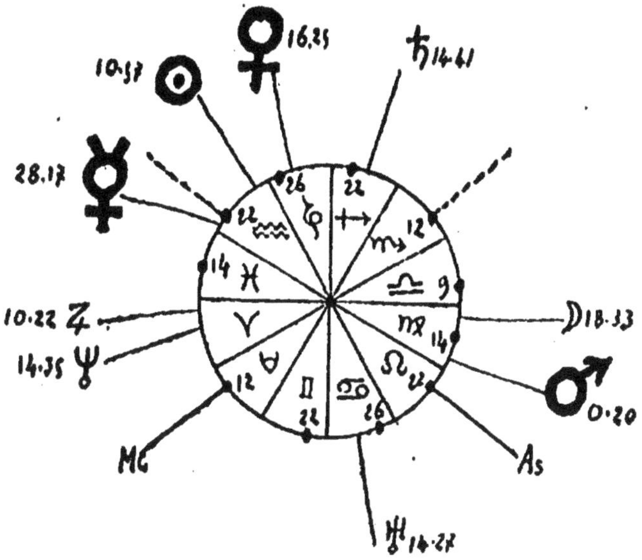

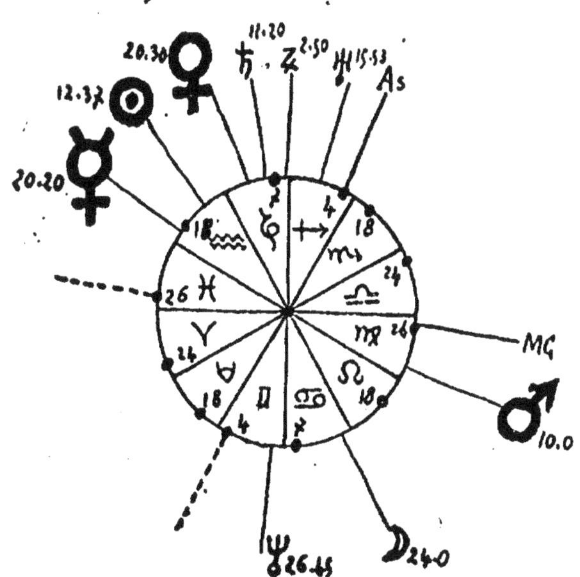

ONZIÈME EXEMPLE

—

PÈRE ET FILLE

Père : Latitude 45°   — 2 juin 1825 — 9 heures soir
Fille : Latitude 19°,26' — 25 mai 1864 — 5 heures soir

Mercure, Vénus et le Soleil occupent les mêmes régions du Zodiaque. La Lune se trouve dans le même signe (capricorne). La conjonction entre Mercure et Vénus est équivalente chez les deux.

Remarquons en outre que l'heure de nativité de la fille correspond sur le Zodiaque à une ligne d'horizon à peu près située comme celle du méridien chez le père.

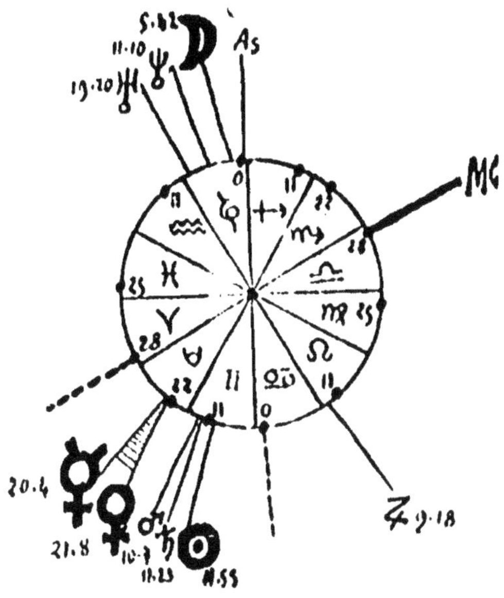

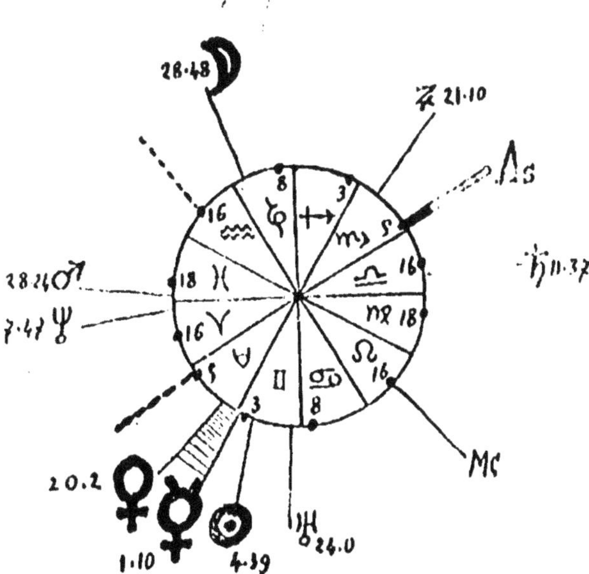

DOUZIEME EXEMPLE

PÈRE ET FILS

Père : — Latitude 47°   —   0 août 1787.
Fils : — Latitude 46°,9' — 17 août 1817 — 6^h,30 minutes soir

Le Soleil, Mars, Mercure et Saturne se retrouvent aux mêmes places du Zodiaque. Vénus, sans être identique, est dans le même signe (Cancer).

Comme aspects analogues, on trouve, dans les deux cas la double opposition de Saturne avec le Soleil et Mercure, la quadrature entre Mercure et Mars (faiblement marquée chez le fils) ; le même aspect trigone de la Lune avec Saturne, ainsi que les sextiles de la Lune avec le Soleil et Mercure.

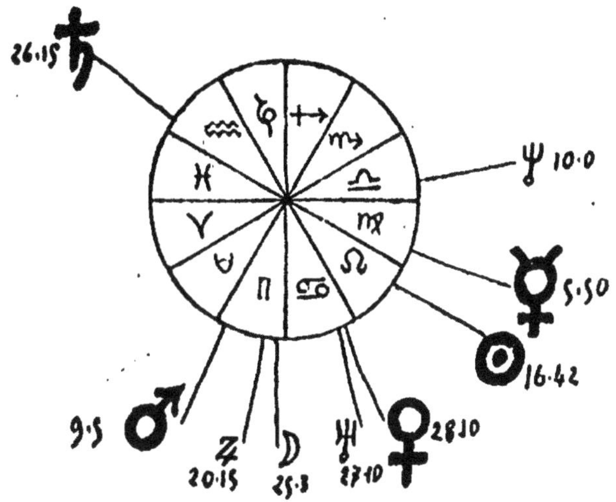

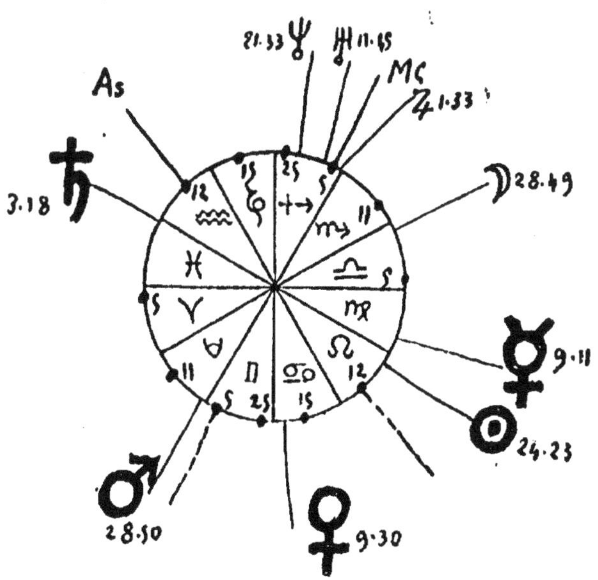

TREIZIÈME EXEMPLE

—

DEUX SŒURS

Latitude 47°,23' — 28 octobre 1853
Latitude 46°,9' — 1er novembre 1858 — 10 heures soir

Cinq planètes occupent des signes respectivement semblables, le Soleil et Vénus ayant les mêmes lieux. La Lune, chez les deux sœurs, a une analogie d'aspects frappante : elle est en trigone avec Uranus, en double quadrature avec Vénus et Jupiter et en opposition avec Neptune.

Notons encore la quadrature commune entre Vénus et Neptune.

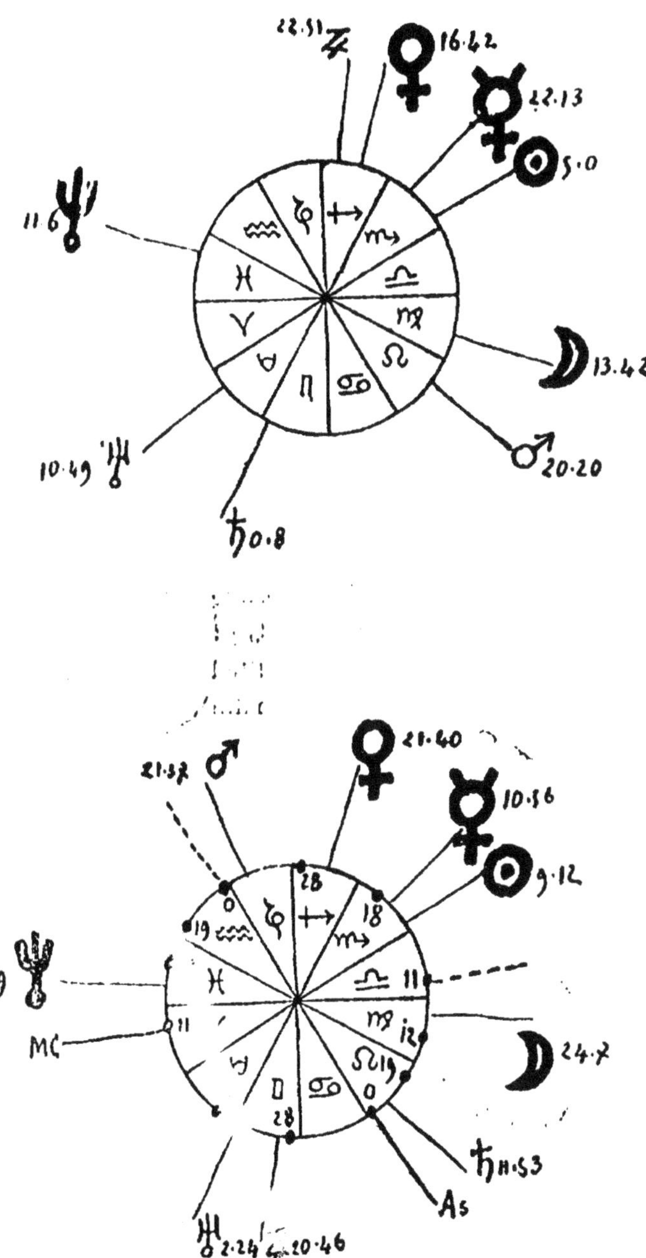
22.51
16.42
22.13
5.0
11.6
13.42
10.49
20.20
0.8
21.40
21.37
10.56
9.12
22.19
MC
11
28
19
18
11
12
19
28
24.7
11.53
As
2.24
20.46

QUATORZIEME EXEMPLE

PÈRE ET FILS

(Ampère)

André-Marie Ampère (le savant) : — Latitude 45°,46′ — 20 janvier 1775
J.-J.-A. Ampère (littérateur) : — Latitude 45°,46′ — 12 août 1800 9 heures matin

Les lieux du Zodiaque ne semblent concourir en aucune façon aux notes héréditaires, mais certains aspects sont très caractéristiques. On peut remarquer, en effet, les conjonctions communes du Soleil et de Vénus, puis de la Lune et de Mars ; enfin le double trigone peu fréquent de Mercure avec la conjonction de la Lune et Mars.

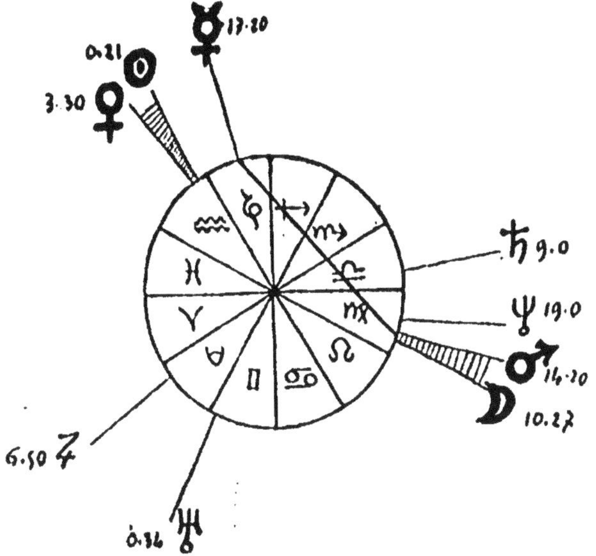

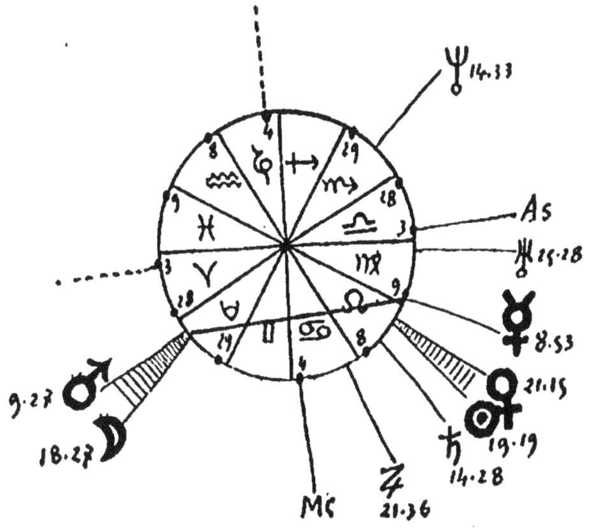

QUINZIÈME EXEMPLE

—

MÈRE ET FILS

(G. SAND ET MAURICE SAND)

G. Sand : — Latitude 48°,50' — 1er juillet 1804 — 10h,25 minutes
soir
Maurice Sand : — Latitude 48°,50' — 30 juin 1823 — 6 heures
matin

L'hérédité maternelle paraît indépendante des heures de naissance.

Trois planètes occupent les mêmes signes et les mêmes places : Mercure, Vénus et le Soleil.

Vénus, dans les deux nativités, a le double sextile de Mercure et de Jupiter.

— On verra, dans le seizième exemple, la note héréditaire commune à Maurice Sand et à ses deux filles : conjonctions successives des quatre mêmes planètes (Mars, Jupiter, Mercure et le Soleil).

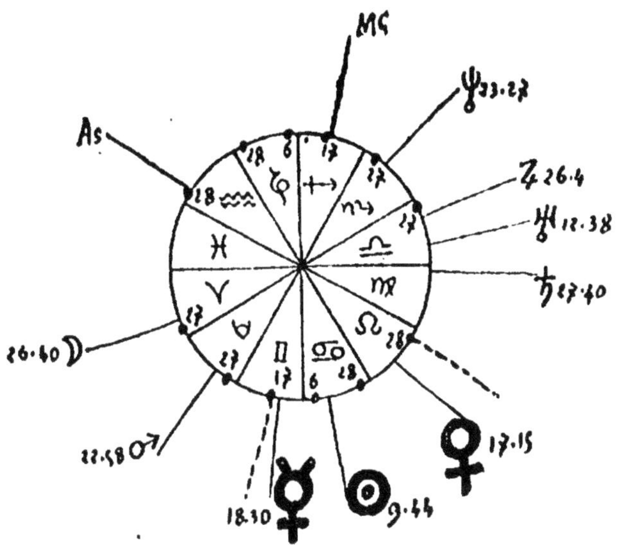

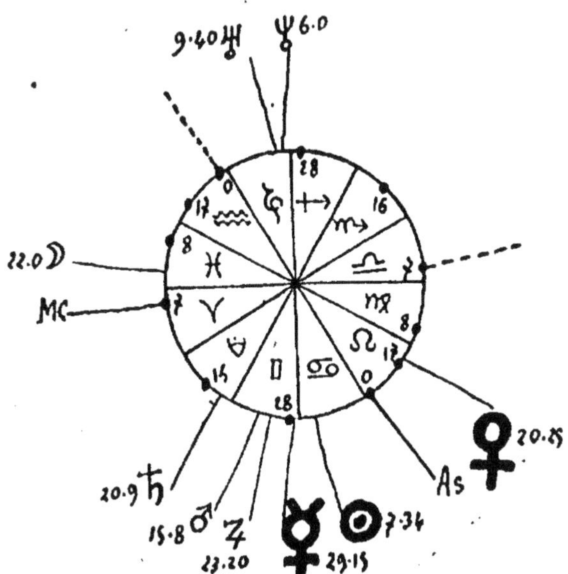

SEIZIÈME EXEMPLE

—

DEUX SOEURS

(Petites-filles de George Sand)

Mme Aurore Lauth-Sand : — Latitude 46°,35′ — 10 janvier 1866
— 3 heures matin
Mme Gabrielle Sand : — Latitude 46°,35′ — 11 mars 1868
11 heures soir

La Lune, Uranus et Neptune sont aux mêmes lieux, offrant les mêmes aspects. Des conjonctions communes sont tout à fait particulières : Mercure, Mars, Jupiter et le Soleil sont en effet en conjonctions successives. Le Milieu du Ciel, dans les deux cas, est en trigone avec Vénus, et les heures de nativité présentent un maximum de ressemblance héréditaire par le Milieu du Ciel et l'Ascendant devenus les mêmes.

Neptune, Uranus et la Lune se retrouvent respectivement dans les mêmes maisons (V, VIII et XII).

— L'hérédité *paternelle* des deux sœurs est remarquable : leur père, Maurice Sand (voir le quinzième exemple) avait, comme elles, les conjonctions successives des quatre mêmes planètes (Mercure, Mars, Jupiter et le Soleil) disposées toutefois en ordre différent.

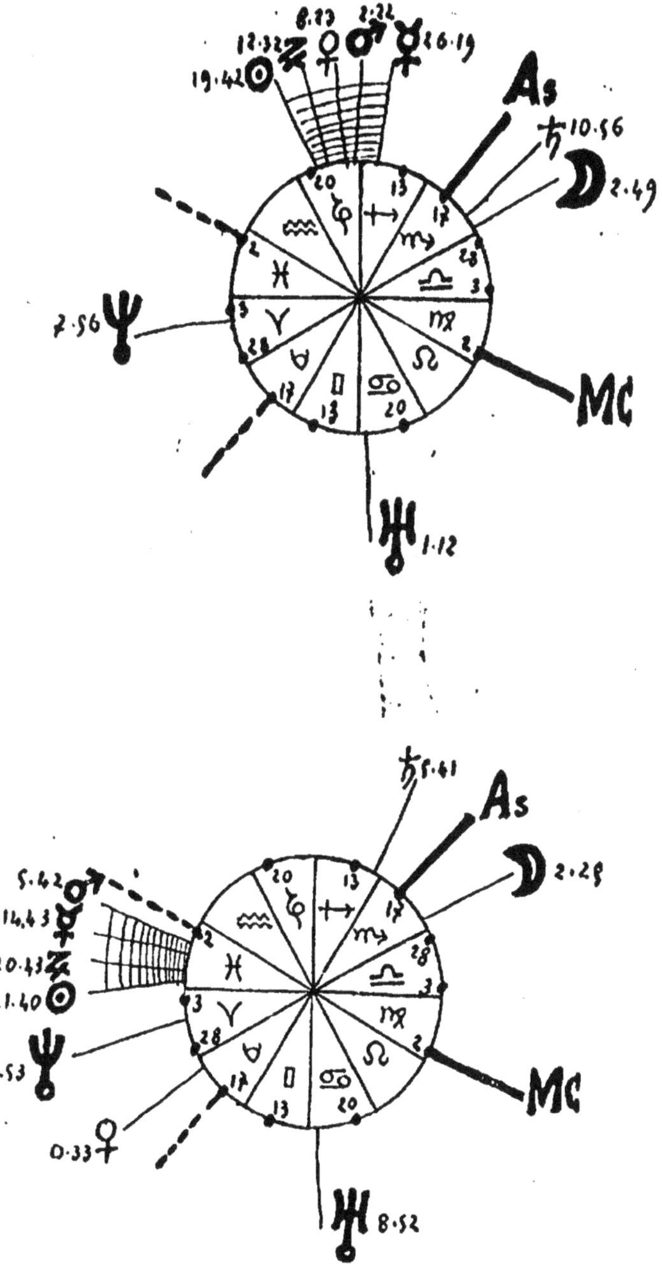

DIX-SEPTIÈME EXEMPLE

—

PÈRE ET FILS

(Deschanel)

Martin Deschanel (littérateur) :   — 14 novembre 1810
Paul Deschanel (homme politique) : — 13 février 1856

Les journées seules des naissances indiquent l'hérédité paternelle, offrant ici le cas particulier de
n'être donnée que par les aspects planétaires.

Nous trouvons, en effet, le même triangle équilatéral
des planètes Saturne, Mars et le Soleil, formant un
triple aspect de trigones assez caractéristique.

En outre, Mercure, voisin du Soleil chez les deux,
est pour le père en conjonction de Vénus avec sextile
de Jupiter, et pour le fils en conjonction de Jupiter
avec sextile de Vénus.

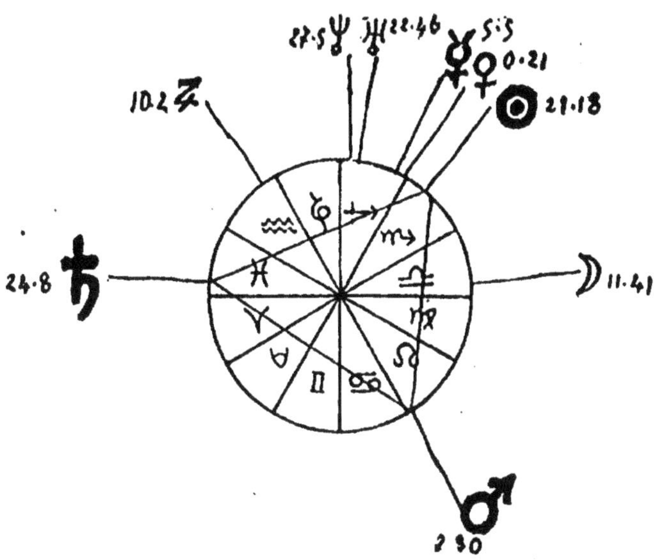

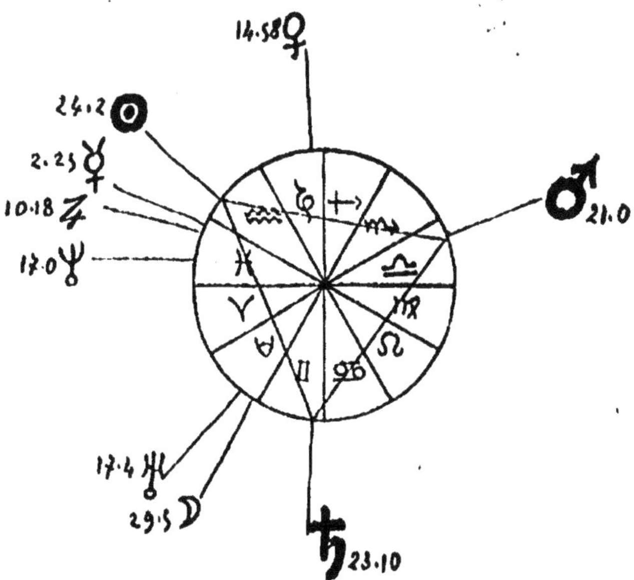

DIX-HUITIÈME EXEMPLE

—

MÈRE ET FILS

(Impératrice Augusta et Frédéric III)

Impératrice Augusta : — Latitude 52°,30' — 30 septembre 1811
Frédéric III   — Latitude 52°,30' — 18 octobre 1831
       2 heures matin

Quatre planètes occupent les mêmes signes, la Lune, Mercure et Vénus étant aux mêmes lieux respectivement ; la conjonction de ces deux dernières planètes est commune aux deux nativités ; on la retrouve également dans celle de Guillaume Ier.

Guillaume II, qui est né le 27 janvier 1859 à 3 h. 45 minutes soir, a, comme son père, Saturne en maison I près de l'Ascendant, avec Jupiter et Uranus en conjonction sous des rayons solaires à peu près semblables.

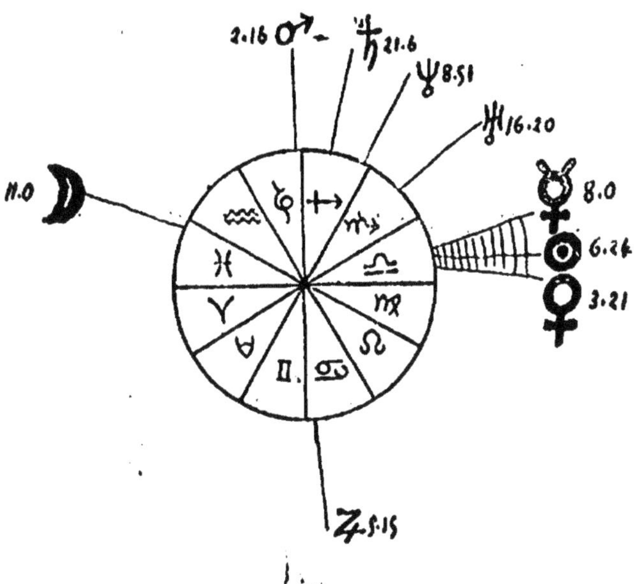

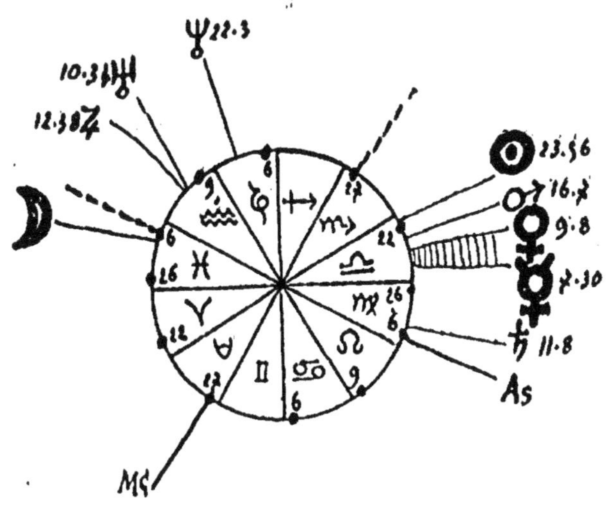

DIX-NEUVIÈME EXEMPLE

—

PÈRE ET FILS

(Louis XVI et Louis XVII)

Louis XVI : — Latitude 48°,48' — 23 août 1754 — 6ʰ, 24 minutes
matin
Louis XVII : — Latitude 48°,48' — 27 mars 1785 — 7 heures soir

L'hérédité semble principalement exprimée par la triple conjonction entre le Soleil, Mercure et Jupiter.

La Lune est située dans la même région du Zodiaque, sur la limite de la Balance et du Scorpion.

Cette position lunaire est également celle de la naissance de la mère, la reine Marie-Antoinette, née le 2 novembre 1755 à 7 h. 30 minutes soir (voir plus loin).

Saturne occupe la même maison (maison IV) pour Louis XVI et Louis XVII.

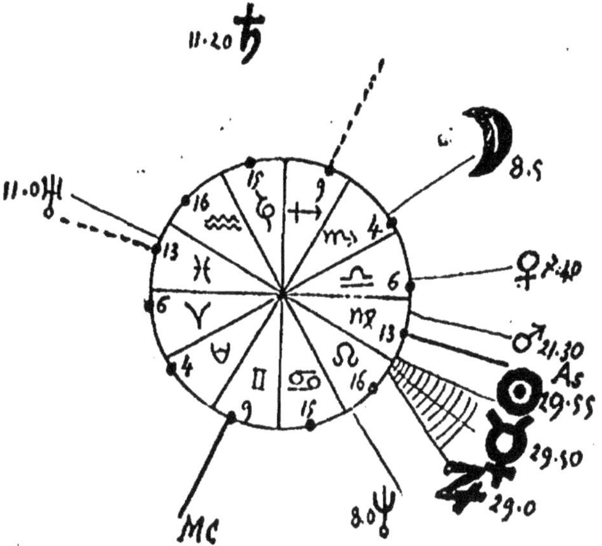

11.20 ♄
11.0 ♅
☽ 8.5
♀ 7.40
♂ 21.30
As
☉ 29.55
☿ 29.50
♃ 29.0
8.0 ♆
MC

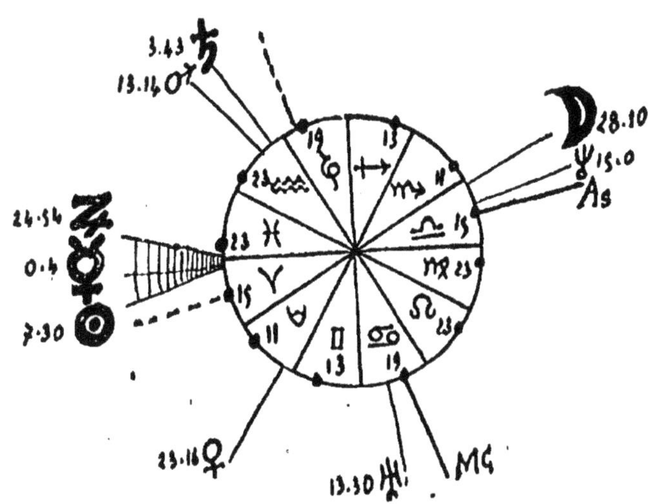

3.43 ♄
13.16 ♂
24.54 ♇
0.4 ☿
7.30 ☉
☽ 28.10
♆ 15.0
As
23.16 ♀
13.30 ♅
MC

VINGTIÈME EXEMPLE

PÈRE ET FILS

(ALEXANDRE III ET NICOLAS II)

Alexandre III de Russie : — 10 mars 1845 — 5 heures soir
(heure de Saint-Pétersbourg)
Nicolas II : — 18 mai 1868 — 2 heures soir (heure de Saint-
Pétersbourg)

La note principale est l'identité de la conjonction typique entre la Lune et Jupiter, au même lieu du Zodiaque. L'Ascendant et le Milieu du Ciel se trouvent aussi dans les mêmes signes.

Chez Nicolas II, il y a à signaler encore une double note atavique de son grand-père Alexandre II (né le 29 avril 1818) qui avait Mercure exactement au même lieu et le Soleil également dans le signe du Taureau.

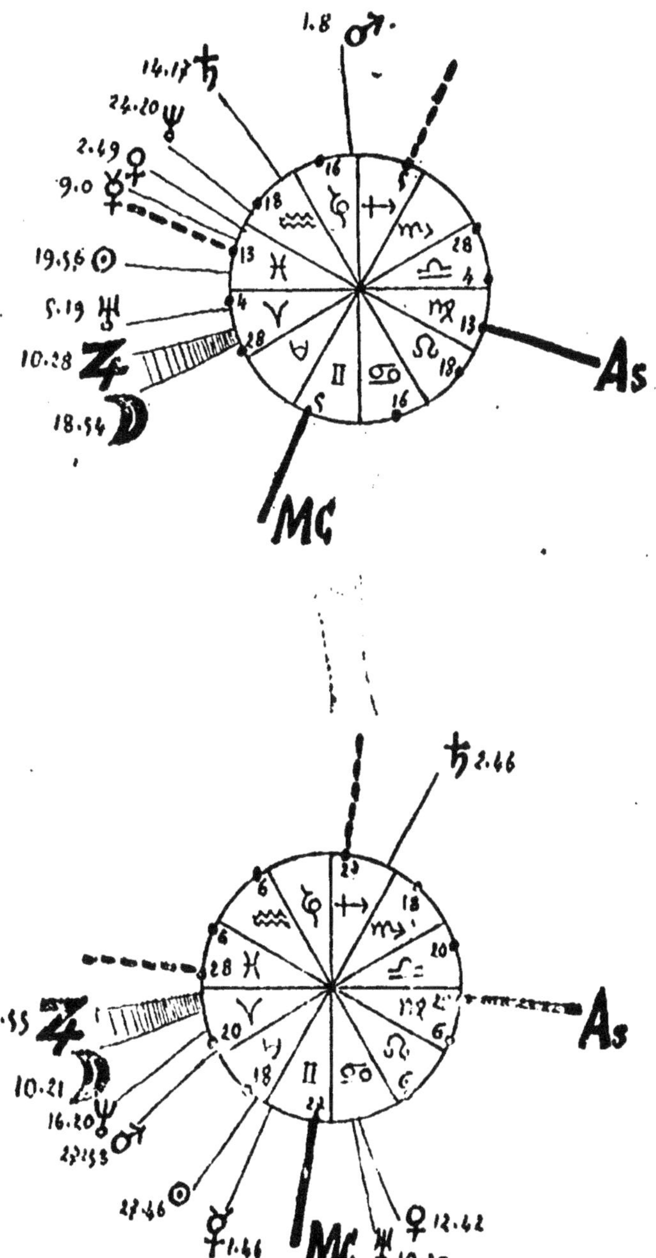
1.8
14.17
24.20
2.49
9.0
19.56
5.19
10.28
18.54
16
18
13
4
28
5
As
MC
28
4
13
18
16
2.46
6
6
28
5
5.55
10.21
16.20
23.53
27.46
23
18
10
6
6
20
18
As
MC
1.46
10.30
12.42

VINGT-ET-UNIÈME EXEMPLE

—

DEUX FRÈRES

(ROSTAND)

E. Rostand (académicien) : — Latitude 43°,18' — 23 juin 1843
— 10 heures matin
A. Rostand : — Latitude 43°,18' — 23 décembre 1844
— 10 heures soir

Les planètes ont des positions très différentes, sauf Uranus et Neptune qui sont aux mêmes lieux respectifs et dans les mêmes maisons ; mais le Milieu du Ciel et l'Ascendant sont identiques chez les deux frères, comme si la nature, trouvant insuffisant l'atavisme planétaire seul, s'était rejetée sur le choix précis de l'heure ; celle-ci détermine, en effet, le maximum de ressemblance astrale qu'on pouvait souhaiter, à la fin de l'année 1844, pour la naissance du jeune frère.

Remarquons, d'autre part, la planète Vénus située dans le méridien chez les deux, quoique à des places opposées. Peu d'aspects communs sont à signaler : Toutefois Uranus présente le sextile de Saturne et la quadrature du Soleil dans les deux figures.

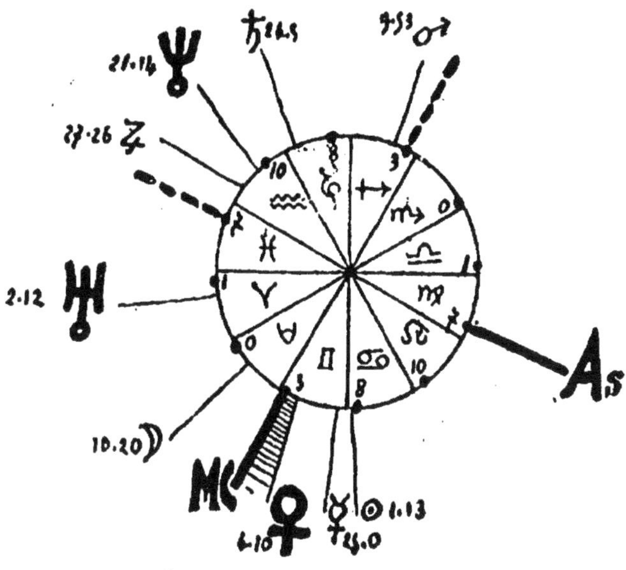

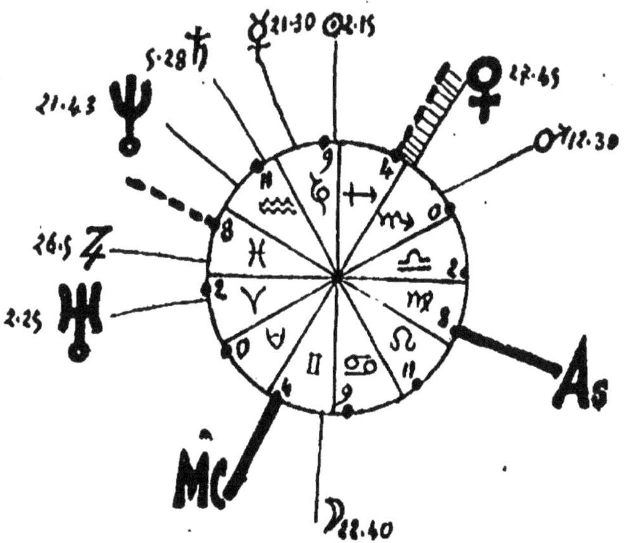

VINGT-DEUXIEME EXEMPLE

—

DEUX FRÈRES

(Grévy)

Jules Grévy (président de la République) : — Latitude 47°,5'
15 août 1807 — 11 heures soir
Albert Grévy (avocat) : — Latitude 47°,5' — 24 août 1823
— 8 heures matin

Vénus est placée de même dans les deux figures.

Le Soleil et Mercure ont également beaucoup d'analogies. Avec Vénus, la principale ressemblance des deux frères est donnée par Jupiter en maison X et en conjonction du Milieu du Ciel.

Remarquons encore la Lune et Neptune dans le méridien ou l'horizon chez les deux frères.

— Un autre frère (le général Grévy) né sous le ciel :

Latitude 47°,5' — 5 septembre 1820 — 5 heures matin

montre une position de Mars, identique à celle de Jules Grévy. Les trois frères ont le Soleil et Mercure sur la limite du Lion et de la Vierge, note atavique commune certainement.

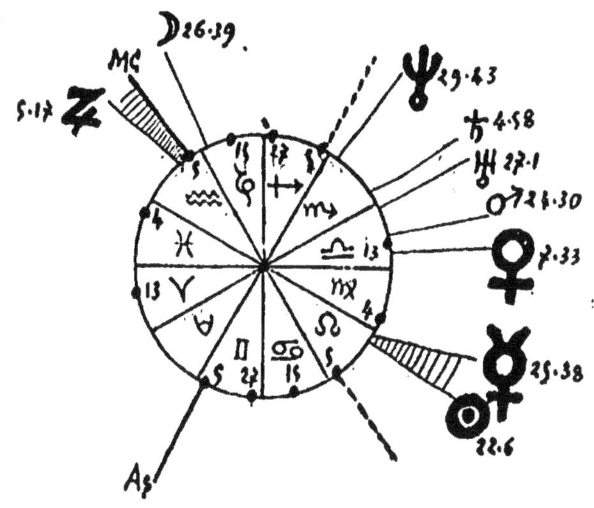

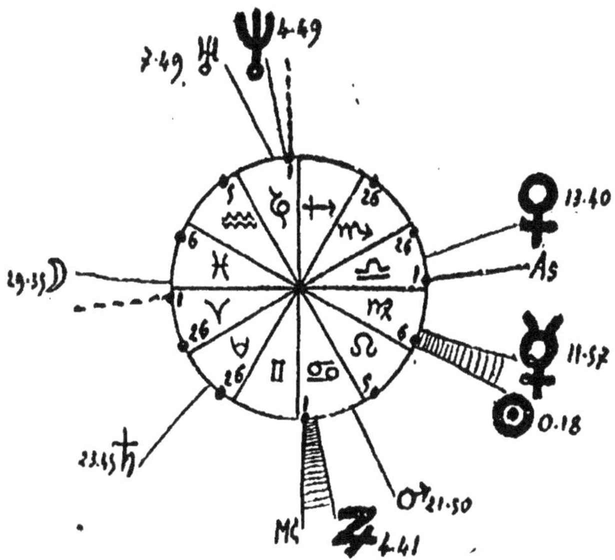

VINGT-TROISIÈME EXEMPLE

MÈRE ET FILS

Mère : — Latitude 47°,12' — 30 août 1845   — 11 h. soir
Fils : — Latitude 47°,12' — 20 septembre 1872 — 9 h. soir

Le Soleil, Mercure et Vénus occupent respectivement les mêmes signes. Ces deux dernières planètes
sont en maison V dans les deux cas, et Saturne n'est
pas sans analogie par sa position relative au méridien.
Mais l'hérédité est principalement indiquée par l'o-
rientation du Zodiaque et par l'aspect de la Lune.

La journée de naissance du fils comportait, en effet,
comme celle de la mère, la quadrature entre la Lune
et Jupiter, s'exerçant dans les mêmes signes (Taureau
et Lion) quoique avec planètes inversées.

Ici encore, il est remarquable de voir la nature
choisir l'instant d'un maximum de ressemblance héréditaire pour libérer l'enfant : Ce dernier vient au
monde au moment où le Zodiaque est disposé comme
chez la mère (Milieu du Ciel et Ascendant semblables).

La nativité du fils montre encore une double note
maternelle : le passage de Mars dans le méridien et la
quadrature entre l'Ascendant et Mercure.

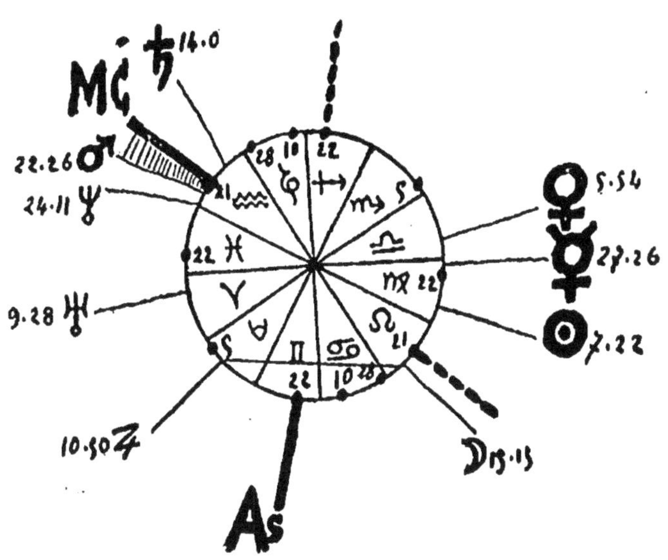

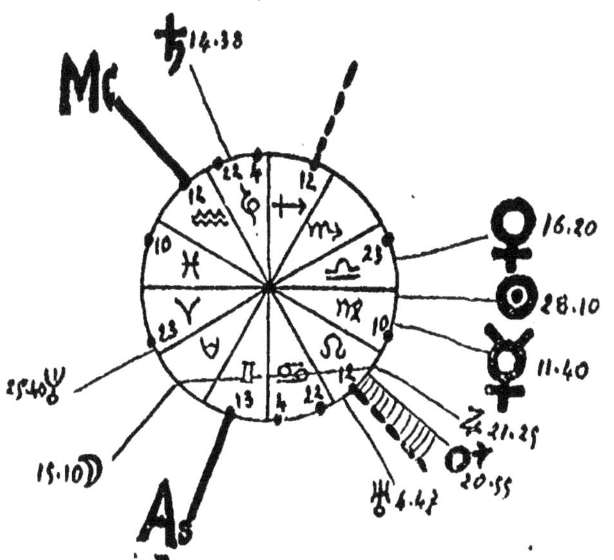

VINGT-QUATRIÈME EXEMPLE

—

MÈRE ET FILLE

Mère : — Latitude 48°,50' — 10 avril 1858   — 1 heure matin
Fille : — Latitude 46°,3' — 3 septembre 1893 — 2 heures matin

L'hérédité maternelle semble transmise par deux notes : l'une, la conjonction commune de Mercure et de Vénus, qui durait plusieurs jours ; l'autre spéciale à l'heure de nativité, au moment où la lune arrivait au même lieu du Verseau et où la conjonction précédente *passait au méridien inférieur*, exactement comme chez la mère. Ce dernier facteur héréditaire très important explique sans doute pourquoi la nativité n'a pas eu lieu deux heures plus tard environ, quand la position de Lune pour l'enfant arrivait à être exactement celle de la mère ; le renforcement de l'hérédité lunaire n'eût probablement pas compensé la perte de l'autre facteur (conjonction de Mercure et de Vénus dans le méridien).

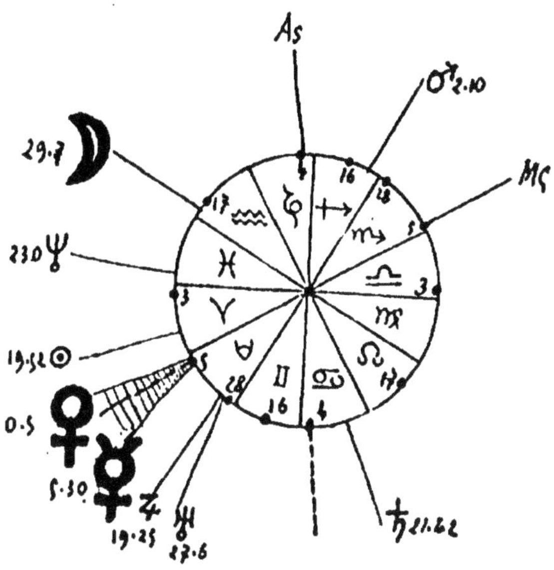

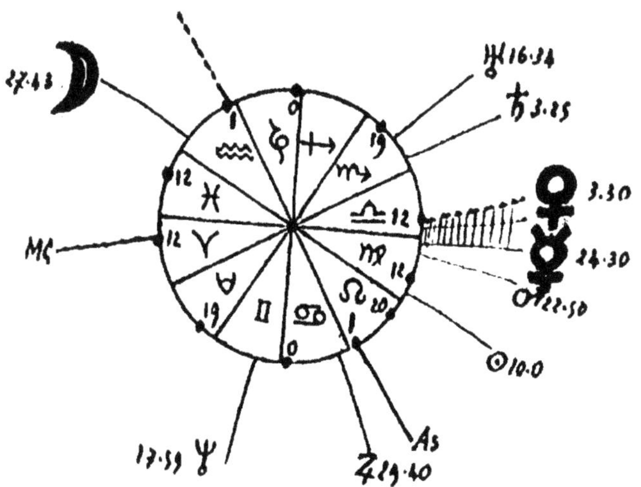

VINGT-CINQUIÈME EXEMPLE

--

PÈRE ET FILS

Père : — Latitude 47°,23' — 7 décembre 1868 — 7ʰ,30 minutes matin

Fils : — Latitude 48°,50' — 7 septembre 1898 — minuit 50 minutes matin

Saturne et Vénus occupent les mêmes lieux.

Comme aspects semblables, on trouve la quadrature du Soleil et de la Lune.

Jupiter, dans les deux cas, est voisin du méridien inférieur. Enfin le méridien a sensiblement la même trace sur le Zodiaque : le Milieu du Ciel chez le fils est, en effet, à l'opposé de celui du père.

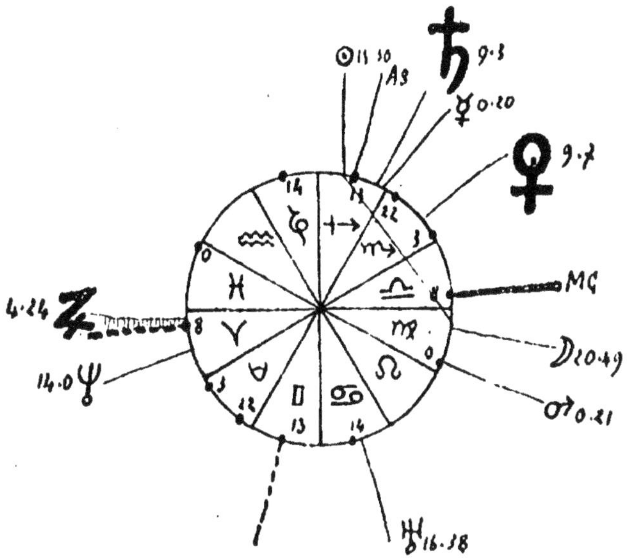

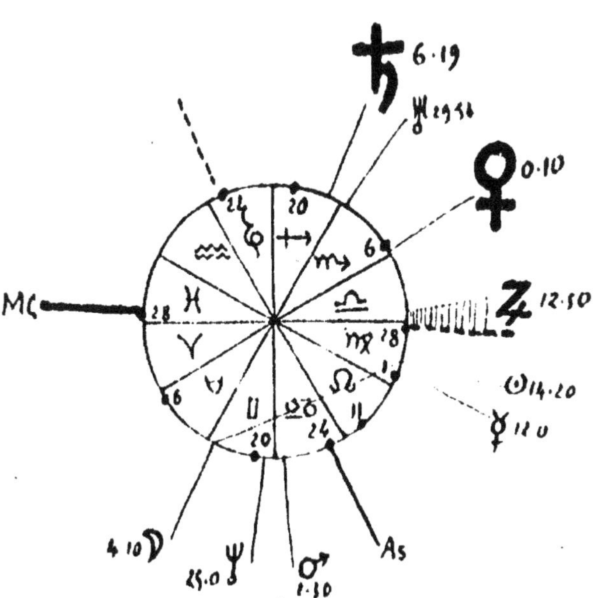

VINGT-SIXIÈME EXEMPLE

—

PÈRE ET FILLE

Père : — Latitude 46°,3' — 11 janvier 1875 — 8ʰ,30 min. soir
Fille : — Latitude 46°,3' — 29 novembre 1900 — 11ʰ,25 min. soir

On trouve ici encore un exemple frappant du rôle de la Lune et de l'orientation du Zodiaque, apportant les notes héréditaires quand l'ensemble, beaucoup moins variable des autres planètes, ne suffit pas.

La ressemblance paternelle, dans le cas présent, porte, en effet, sur la Lune : celle-ci est non seulement située au même lieu des Poissons, mais se trouve encore dans la maison VII et sur l'horizon.

Le Milieu du Ciel et l'Ascendant sont les mêmes.

La seule note stationnaire pendant plusieurs jours, et qui peut avoir trait à la filiation paternelle, était le sextile entre Vénus et Saturne, commun aux deux figures.

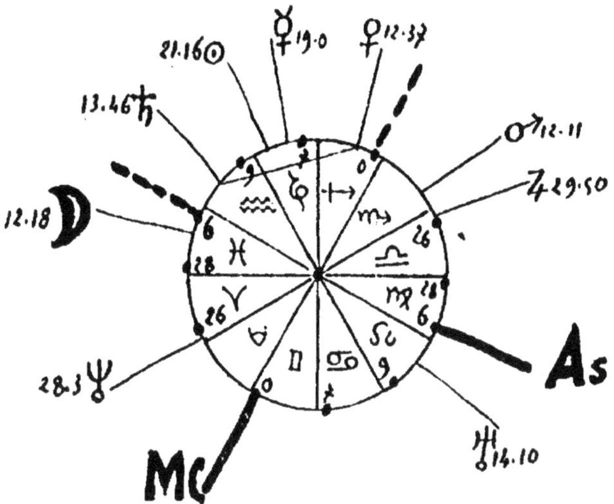

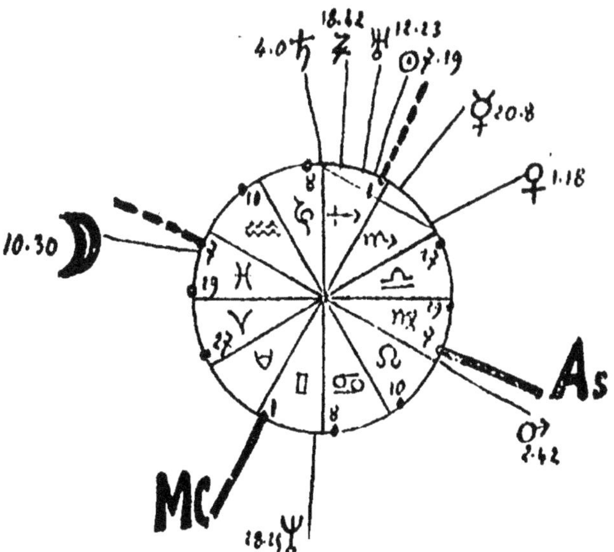

VINGT-SEPTIÈME EXEMPLE

—

PÈRE ET FILS

(NAPOLÉON III ET SON FILS)

Napoléon III : — Latitude 48°,50' — 20 avril 1808 — 1 heure matin

Prince impérial : — Latitude 48°,50' — 16 mars 1856 — 3ʰ,15 minutes matin

Jupiter est au même lieu du Zodiaque et en maison II.

L'Ascendant et le milieu du Ciel se trouvent exactement les mêmes si les heures de naissance données par les biographies sont justes.

Comme aspects planétaires reproduits chez le fils, on remarque la conjonction de Mercure et Vénus, ainsi que les aspects sextile et trigone de Jupiter avec l'Ascendant et le Milieu du Ciel.

Uranus, est en outre, voisin du méridien dans les deux cas.

— Le prince impérial et sa mère l'impératrice Eugénie (née le 5 mai 1826), avaient, comme trait commun, la planète Saturne au même lieu des Gémeaux.

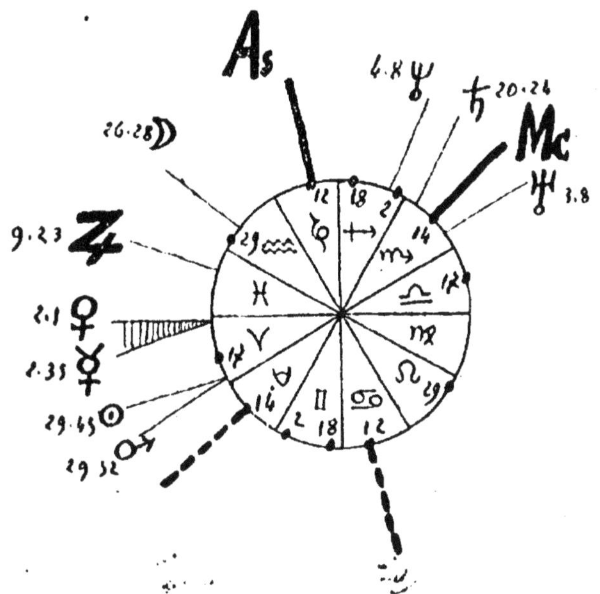
As
6.8 ♉
♄ 20.24
26.28 ☽
Mc
9.23 ♃
♅ 3.8
2.1 ♀
2.35 ☿
29.45 ☉
29.32 ♂

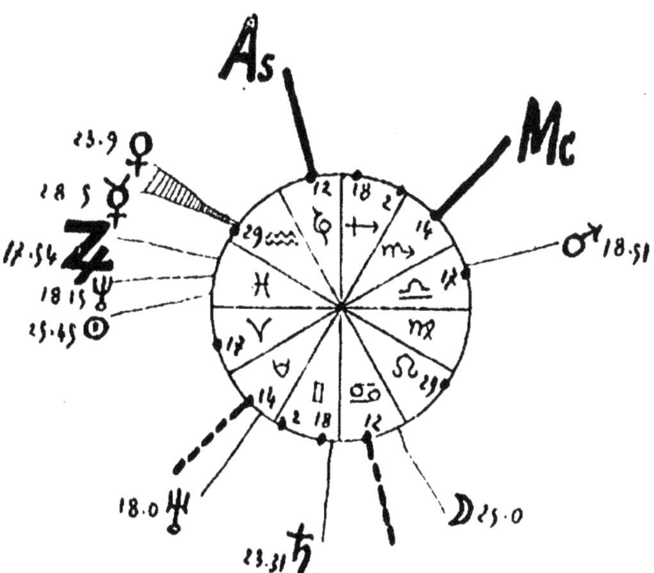
As
Mc
13.9 ♀
18.5 ☿
17.54 ♃
18.15 ♆
15.45 ☉
♂ 18.51
☽ 25.0
18.0 ♅
23.31 ♄

VINGT-HUITIÈME EXEMPLE

—

PÈRE, MÈRE ET FILLE

Père : — Latitude 48°,35' — 18 mars 1868 — 3 heures matin
Mère : — Latitude 46°,3' — 21 juin   1877 — 8h,30 min. matin
Fille : — Latitude 46°,3' — 10 juillet 1902 — 7h,25 min. soir

Les parents ont le même Ascendant, note de sympathie et d'attraction sexuelle assez fréquente entre conjoints, dans le cas de mariage d'inclination.

L'enfant hérite de cette note commune, la Lune renforçant l'hérédité du père et le Soleil celle de la mère.

La Lune et le Soleil, non seulement occupent les mêmes signes du Zodiaque, mais sont situés dans l'horizon comme chez les parents.

L'analyse du moment précis de la naissance est intéressant à discuter en ce sens qu'il correspond à un maximum de similitude hériditaire équilibrée des deux côtés, pour le mois, le jour et l'heure :

La Lune, pendant que le Soleil traversait le signe du Cancer (où il est chez la mère), ne pouvait trouver

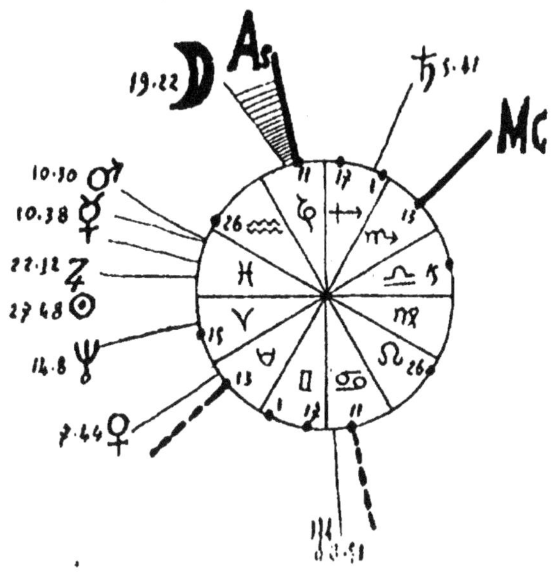

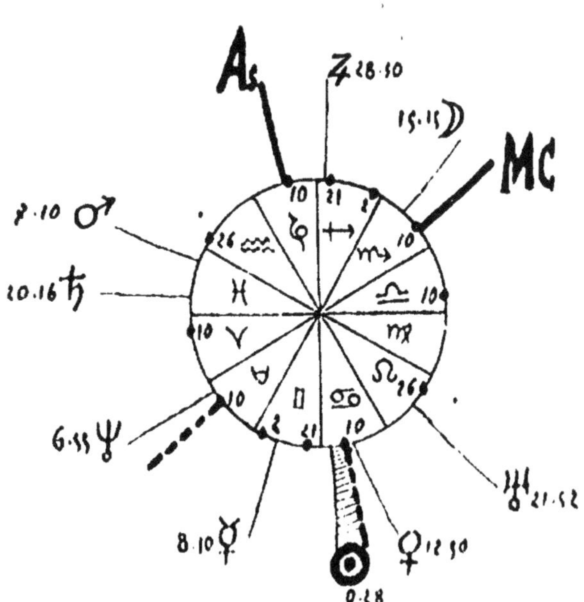

une journée plus favorable que celle du 19 juillet :
elle redevient, en effet, identique à celle du père.
D'autre part, si la similitude d'Ascendant n'est
pas rigoureusement exacte (ce qui aurait eu lieu
trois quarts d'heure plutôt et qui renforcerait la
note paternelle), ceci paraît tenir au Soleil qui
ne serait plus dans l'horizon (analogue à celui

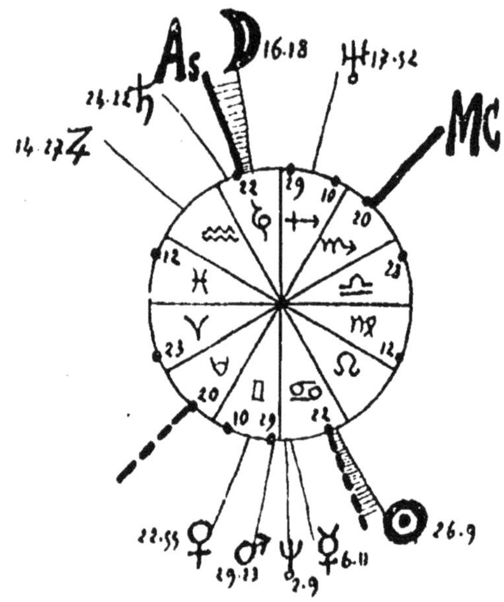

de la mère). La nature a semblé choisir un moyen
terme entre les notes lunaire et solaire, c'est-à-dire
entre l'hérédité paternelle et maternelle pour faire
naître l'enfant à l'instant précis où la double ressemblance passait par un maximum. On voit, en
effet, que si la nativité est reculée, la Lune s'éloigne
de l'Ascendant en maison XII ; le Milieu du Ciel et
l'Ascendant n'ont plus alors d'analogie avec ceux

des parents. C'est en observant la marche générale
des planètes avant et après la naissance qu'on peut
arriver à démêler le plus nettement les lois d'hérédité.

VINGT-NEUVIÈME EXEMPLE

—

PÈRE, MÈRE ET FILS

(Henri II, Catherine de Médicis et Henri III)

Henri II : — Saint-Germain-en-Laye — 31 mars 1519 — 5 heures
matin
Catherine de Médicis : — Florence — 13 avril 1519
— 4ʰ,38 minutes matin
Henri III : — Fontainebleau — 19 septembre — minuit 54 min.
matin

Les trois figures célestes représentées dans l'ordre
ci-dessus sont tirées des œuvres de Luc Gauric, le
savant évêque italien, qui composa un recueil de
nativités célèbres de son époque. Nous les avons
complétées par les positions approximatives d'Uranus
et de Neptune, évidemment absentes dans l'astronomie ancienne. — Les facteurs héréditaires ont, de
plus, été indiqués par des traits semblables. Les
figures relatives à Henri II et à Catherine de Médicis
ont beaucoup d'éléments communs, dont la plupart
sont transmis au fils. Les lieux du Zodiaque n'ont

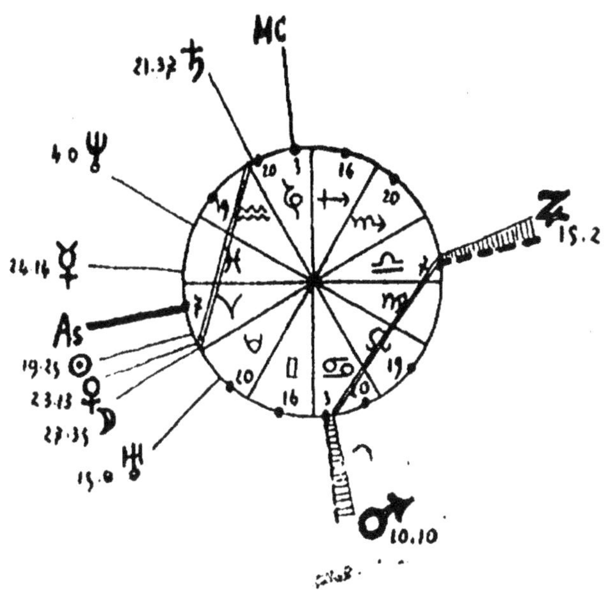

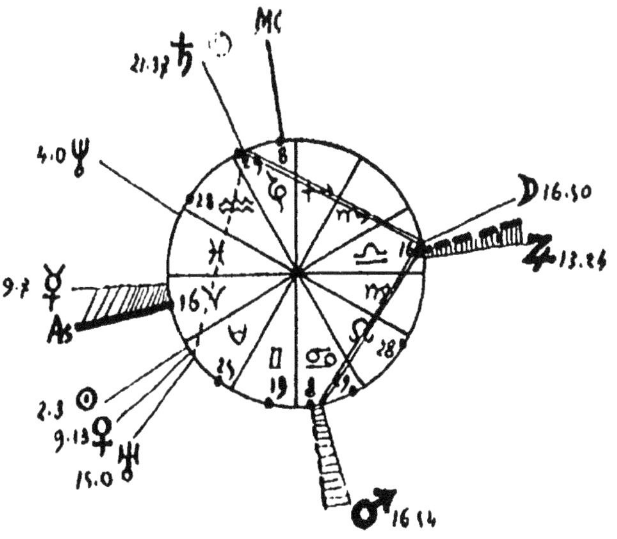

aucun rôle ici, mais les *aspects* et les *maisons* des

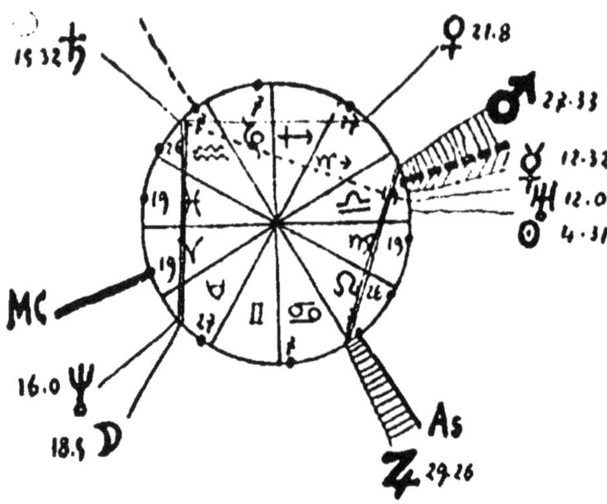

planètes interviennent d'une façon très apparente
dans l'hérédité :

Hérédité double (facteurs communs aux trois figures)	— Mars dans le méridien et en maison IV ; — Jupiter dans l'horizon ; — Quadrature entre Mars et Jupiter, identique chez le père et la mère et se retrouvant entre les mêmes signes, mais inversée chez le fils ; — Quadrature entre la Lune et Saturne ; — Le *Méridien* du fils correspond à l'*horizon* du père et de la mère.
Hérédité paternelle	— Quadrature entre Vénus et Saturne.
Hérédité maternelle	— Mercure dans l'horizon ; — Uranus près du Soleil ; — Trigone entre Saturne et Uranus.

La note commune aux trois naissances, et qui est
relative à la position de Mars dans le Méridien, en
maison IV, se retrouve identique chez François Ier

le père d'Henri II, né le 12 septembre 1494 à 9 h. 40 m. soir, d'après Cardan.

— Le ciel de naissance de François Ier, représenté par Cardan parmi les exemples nombreux d'un recueil que celui-ci publia en 1547, montre en outre des analogies frappantes avec le petit-fils Henri III ; sans le représenter ici nous nous bornons à signaler la Lune en maison X, puis Mercure et le Soleil aux mêmes lieux du Zodiaque.

TRENTIÈME EXEMPLE

—

ATAVISME ENTRE VICTOR HUGO ET SES ARRIÈRE-PETITS-ENFANTS

Victor Hugo : — Latitude 47°,14' — 26 février 1802 — 10ʰ,30 minutes soir
Arrière petit-fils : — Latitude 48°,50' — 19 novembre 1894
5ʰ,45 minutes matin
Arrière petite-fille : — Latitude 48°,50' — 10 octobre 1896
8 heures matin

— Tout d'abord l'exemple des deux enfants (frère et sœur) offre des similitudes manifestes d'hérédité. On y trouve un groupement semblable des mêmes planètes dans la Balance et le Scorpion. De plus, le Milieu du Ciel et l'Ascendant sont identiques.

Saturne, dans les deux cas, est à peu près en conjonction avec l'Ascendant.

Vénus et Uranus conjoints dans la même maison (maison I) sont très typiques.

— L'atavisme de Victor Hugo avec ses deux arrière-petits-fils est indiqué par les positions du Milieu du Ciel et de l'Ascendant, semblables dans les trois nativités. C'est le moment précis de la naissance qui paraît ici avoir donné la note ancestrale la plus importante.

Quelques autres aspects sont à signaler :

— Chez l'arrière petit-fils, on retrouve la conjonction du Soleil et de Vénus ainsi que la quadrature entre la Lune et Mercure ;

— Chez l'arrière petite-fille, Jupiter, en sextile de l'Ascendant et en maison X, occupe la limite entre le Lion et la Vierge comme chez le bisaïeul. On trouve encore la Lune dans le Sagittaire et en maison II, en sextile sur le Soleil ; puis Mercure en trigone avec Neptune.

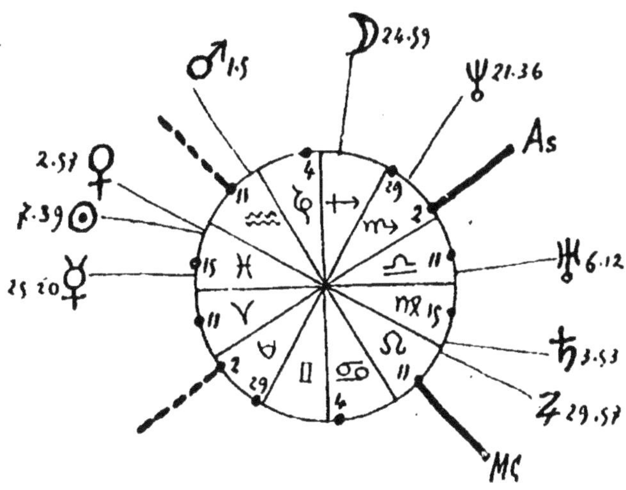

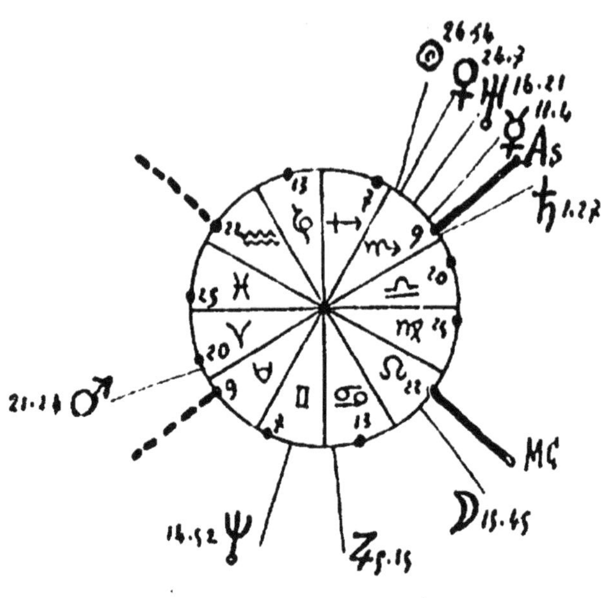

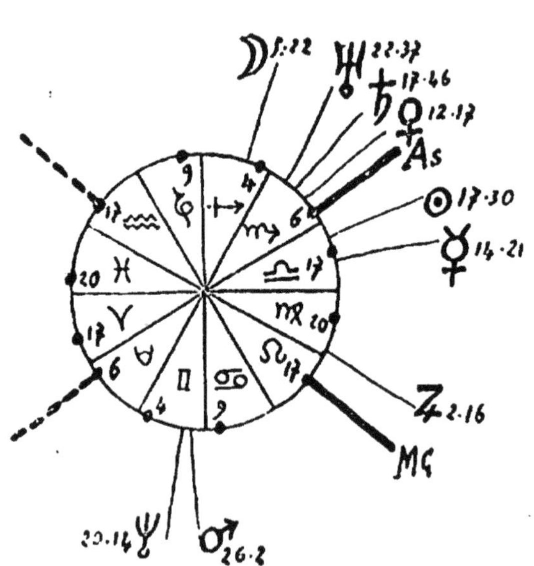

TRENTE-ET-UNIÈME EXEMPLE

—

ATAVISME DES BOURBONS

(Duc de Bourgogne et princesse Elisabeth)

Les dix générations consécutives des Bourbons, depuis Henri IV jusqu'au comte de Chambord, qui embrassent les quatre derniers siècles, permettent des recherches assez étendues sur la transmission atavique des astres.

En dehors du cas de Louis XVI et de son fils, étudié plus haut, un des principaux exemples à signaler concerne la princesse Elisabeth de France (sœur de Louis XVI) et de son bisaïeul le duc de Bourgogne (père de Louis XV et petit-fils de Louis XIV).

Leurs données sont les suivantes :

Duc de Bourgogne : — Versailles — 6 août 1682 — 10ʰ,20 minutes soir
Elisabeth de France : — Versailles — 3 mai 1764 — 2 heures soir

Comme planète au même lieu, on ne trouve qu'Uranus, mais trois conjonctions sont reproduites :

le Soleil avec Saturne, la Lune avec Mercure, et Mars avec le méridien (à l'opposé du Milieu du Ciel). En outre, Jupiter est dans les deux figures en quadrature avec l'Ascendant.

Les deux nativités précédentes, comparées à celles des autres membres de la famille, — que nous avons pu analyser, donnent les remarques suivantes :

Mars dans le Méridien se retrouve à la fois chez Louis XVIII, Charles X, le duc d'Angoulême et la duchesse de Parme ;

L'*Ascendant* au milieu de la Vierge, chez la princesse Élisabeth, est le même que celui de son frère Louis XVI ;

L'*Ascendant* au commencement du Taureau, chez le duc de Bourgogne est le même que chez le duc de Berri, fils de Charles X (note atavique qui réapparaît ainsi après quatre générations).

— Un exemple très frappant chez les Bourbons est encore celui de Louis XIV et de son fils le Grand dauphin.

— Une foule d'éléments communs seraient à relever entre tous les membres de la branche aînée des Bourbons : comme la planète Mars située chez un grand nombre d'entre eux dans le signe du Cancer. Mais nous bornerons là cette analyse généalogique.

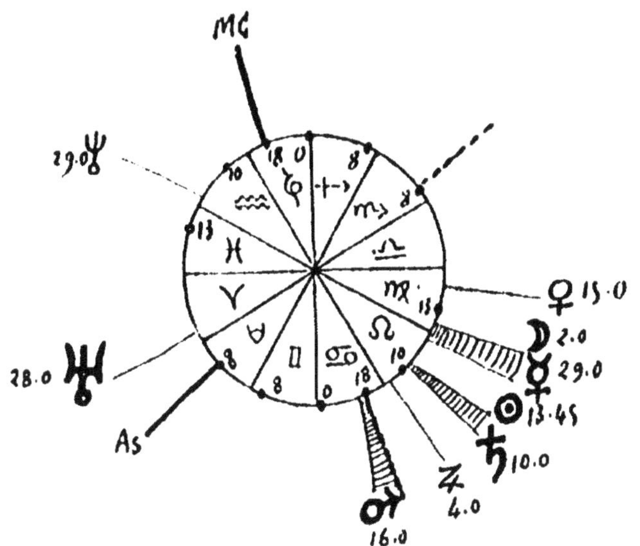

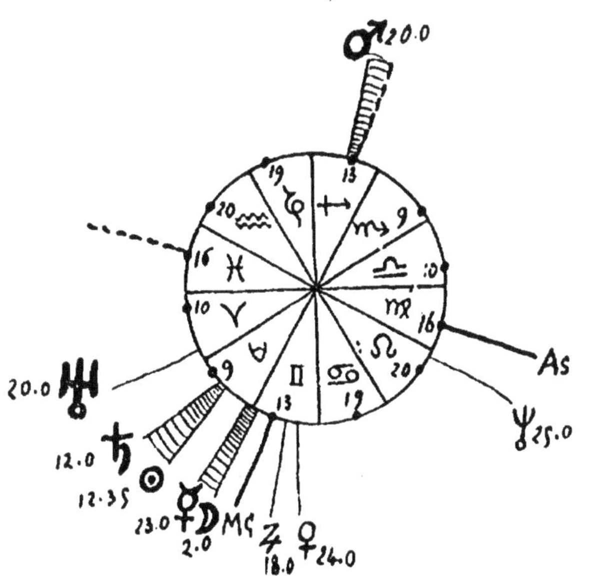

TRENTE-DEUXIÈME EXEMPLE

—

ATAVISME ENTRE QUATRE GÉNÉRATIONS CONSÉCUTIVES

A Mère :   Latitude 46° — 23 janvier 1777   — 2 h. matin
B Fils :   Latitude 46° — 9 décembre 1802 — 1 h. matin
C Petite-fille : Latitude 46° — 15 juillet 1827   -- 6 h. matin
D Arrière-petit-fils : — Latitude 47°,23' — 13 février 1867 —
11 heures soir

Les figures célestes sont représentées dans l'ordre des dates que nous désignons par ABCD pour simplifier le langage.

Hérédité directe. — 1° Entre A et B il n'existe aucune similitude de lieu planétaire dans le Zodiaque ; mais les aspects et les maisons interviennent très nettement.

Les aspects communs sont : la quadrature de Jupiter et Mars (s'exerçant entre deux lieux semblables du Zodiaque avec les planètes inversées), l'opposition du Soleil et de la Lune, la double qua-

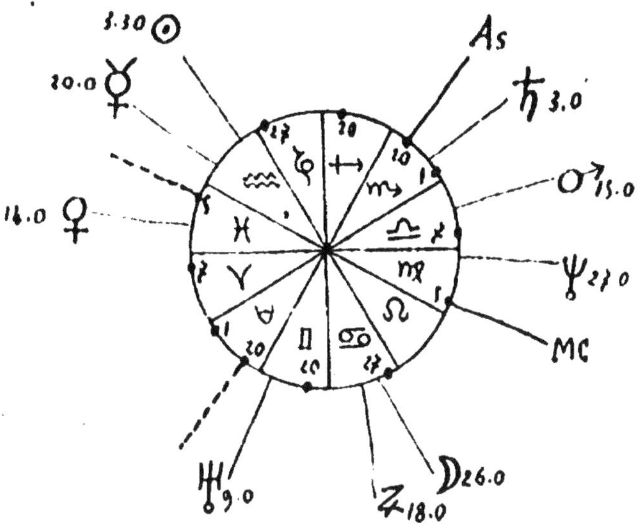

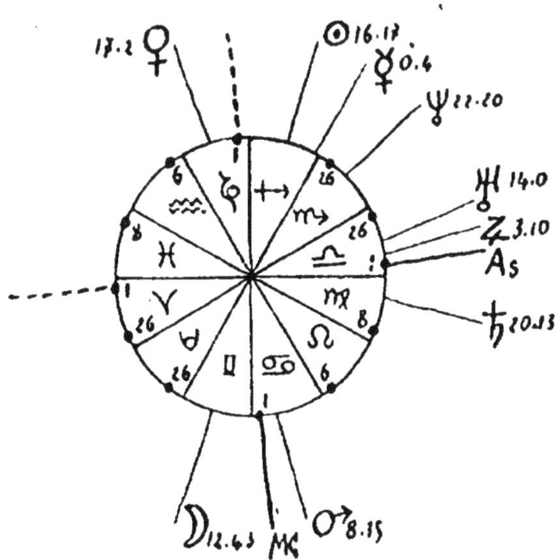

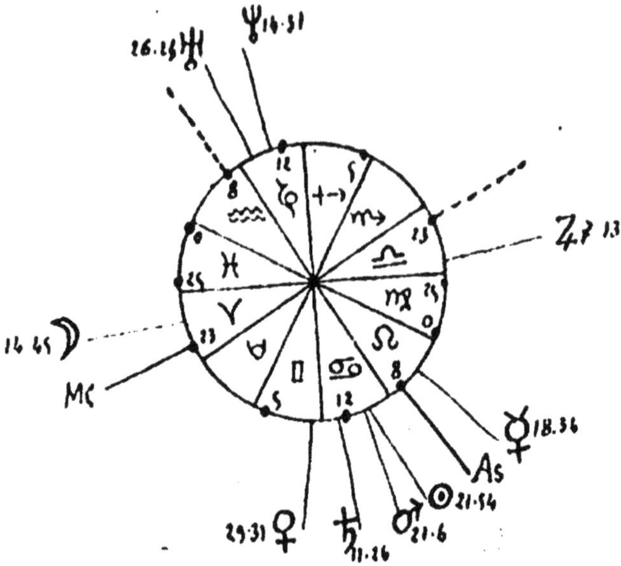

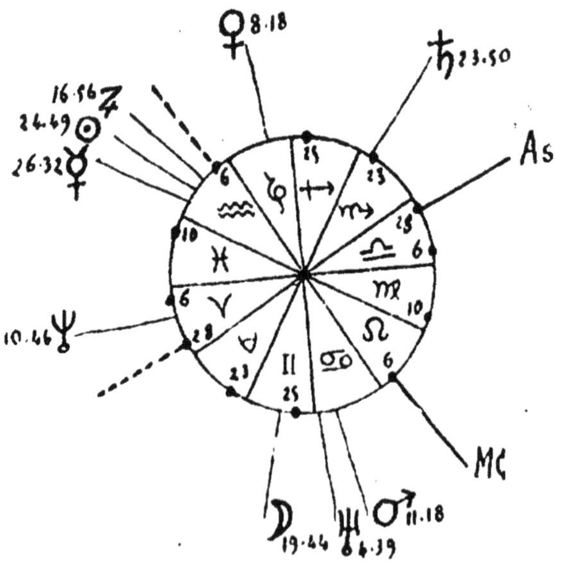

drature de Saturne avec le Soleil et la Lune, la quadrature de Vénus et Uranus.

· Saturne, Mercure et le Soleil occupent les mêmes
maisons respectives.

2° Entre B et C (père et fille), on remarque Jupiter
et Mars dans les mêmes signes du Zodiaque et à peu
près aux mêmes lieux, bien que n'étant pas en quadrature chez la fille.

Comme aspects semblables, on trouve la quadrature de la Lune et Saturne s'exerçant à peu près
entre les mêmes maisons ; enfin le trigone entre la
Lune et l'Ascendant.

— L'hérédité maternelle pour C était donnée par
le même Milieu du Ciel et le même Ascendant
(la mère de C est née sous le ciel : Latitude 47° —
29 novembre 1799 — 8 heures soir).

3° Entre C et D (mère et fils), l'hérédité directe est
peu frappante à première vue. Cependant Mars est
au même lieu du Cancer et l'on retrouve le double
trigone de la Lune avec Mercure et l'Ascendant. De
plus, Jupiter, voisin du méridien inférieur dans les
deux figures, présente le même aspect de quadrature
avec Saturne.

On doit encore remarquer ici que les diamètres
zodiacaux qui correspondent au Méridien et à
l'horizon chez la mère se retrouvent inversés, deve-
nant l'horizon et le méridien chez le fils.

Hérédité ancestrale. — La transmission atavique
offre ici plusieurs remarques intéressantes :

C n'a presque aucune note commune avec sa
grand'mère paternelle A ; mais chez D sont accu-

mulées des notes héréditaires de trois générations du côté maternel et dont plusieurs ont sauté par dessus B et C.

1° Entre A et D on aperçoit, en effet, comme places dans le Zodiaque : Saturne, Mercure et le Soleil dans les mêmes signes du Scorpion et du Verseau ; Mercure est à peu près identique.

Comme aspects communs à A et D, ayant sauté les deux générations intermédiaires, on trouve le trigone entre le Soleil et Uranus, et le sextile entre la Lune et Neptune.

La quadrature atavique entre le Soleil et Saturne apparaît en A, B, D, et se trouve absente en C.

2° Entre B et D l'atavisme est encore plus frappant.

La Lune, Mars et Vénus présentent les mêmes lieux et les mêmes aspects. On retrouve encore chez le petit-fils le trigone entre la Lune et Jupiter, ainsi que la quadrature entre le Soleil et Saturne, déjà signalée.

Les Ascendants de B et D sont différents, mais situés dans le même signe (Balance).

En résumé, d'après l'analyse qui précède, on peut vérifier que chaque planète de D présente quelque analogie atavique de lieu ou d'aspect avec les éléments correspondants de sa mère, de son grand-père ou de sa bisaïeule.

TROISIÈME PARTIE

CHAPITRE PREMIER

—

OBSERVATIONS GÉNÉRALES SUR L'ÉTUDE DE L'HÉRÉDITÉ ASTRALE

Quels que soient les noms qu'on veuille donner aux faits, une double remarque s'impose à la vue seule des figures qui précèdent, résultats précis, indépendants de l'interprétation personnelle et que chacun peut contrôler :

1° La naissance normale ne s'effectue pas à n'importe quel moment, mais sous un ciel d'une certaine analogie avec celui des parents, ce qui montre *a priori une liaison entre l'hérédité et le ciel de la naissance.*

L'influence astrale sur l'homme est donc une réalité expérimentale.

2° Les facteurs astronomiques transmetteurs de l'hérédité sont naturellement indicateurs, au moins partiels des facultés humaines ; d'où il résulte un certain *langage astral qui permet de définir l'homme* suivant des limites qu'il est impossible de fixer *a priori.* Sans définir les lois multiples des correspondances célestes, l'étude précédente en démontre la réalité générale, — point déjà très important.

Dans plusieurs exemples, on a vu que la nature semblait chercher un maximum de ressemblance astro-héréditaire, vis-à-vis de tel ou tel parent, pour le moment de la nativité ; l'aspect correspondant du ciel exprime donc un côté des facultés originelles, quel que puisse être le nombre des individus nais-•sant sous ce ciel là.

Fussent-ils des milliers disséminés dans le genre humain, leur caractère astral commun (en essence et non en forme) aurait encore plus de valeur distinctive que la plupart des signalements du caractère physique ou moral employés dans le langage courant.

Nous reviendrons du reste plus loin sur cette objection des nativités semblables.

— De telles considérations sur l'hérédité transmise par les astres sont tout un enseignement pour les lois d'influence céleste. Les termes employés ne peuvent changer ici le fond réel des choses, et la crainte de passer pour crédule ne doit pas arrêter.

C'est ainsi que l'observation naturelle du ciel porte à admettre quatre principales catégories de facteurs astronomiques dans cette étude :

1° Les lieux des planètes dans le Zodiaque ;

2° Leurs aspects, également importants suivant le sens direct ou rétrograde dans lequel ils peuvent être comptés ;

3° L'Ascendant et le Milieu du Ciel ;

4° Les maisons des planètes, c'est-à-dire leurs positions par rapport au Méridien et à l'Horizon.

Comme note héréditaire, on rencontre souvent,

non seulement l'identité de l'Ascendant (1) ou du
Milieu du Ciel, mais encore la permutation de l'un
et de l'autre ou de leurs opposés ; ce que l'on peut
exprimer plus clairement en disant que pour deux
Zodiaques de naissance de quelque parenté, la *trace
du méridien* chez l'un correspond souvent à celle de
l'*horizon* chez l'autre. On en a un exemple dans les
deux dernières figures du recueil.

— Les aspects des planètes entre elles étant mani-
festement des termes de comparaison très importants, l'observation répétée sur un grand nombre
d'exemples finit par donner une idée assez juste, non
seulement des *aspects principaux* à observer, mais
encore de leur champ angulaire d'influence com-
binée, — appelé *orbe*, — que nous avons admis égal
à une dizaine de degrés comme limite approchée.

Nous renvoyons pour les détails à « Langage
astral » où les lois générales d'influence, basées sur
l'observation du ciel ont été exposées.

— Les notions d'atavisme, auxquelles notre étude
expérimentale conduit, laissent un champ très vaste
à l'éducation et à la liberté humaine. Le fait qu'un
honnête homme puisse engendrer un criminel, ou
qu'une intelligence médiocre descende d'un homme
de génie, ne surprend aucunement l'observateur
des astres. — Ici, comme il arrive souvent ailleurs,
« d'excellents éléments peuvent engendrer un tout
qui ne vaut pas le diable ».

(1) Le chapitre V des « Aphorismes » de Cardan mentionne
la fréquence des Ascendants identiques chez les membres d'une
même famille.

D'après les exemples qui précèdent, l'atavisme planétaire ne fait qu'indiquer des *éléments* semblables qui se transmettent, et dont la coordination avec d'autres peut aboutir aux prédispositions physiques ou morales les plus variées. Ceci peut expliquer pourquoi l'anthropologie n'est pas encore sortie de statistiques et d'hypothèses à peu près stériles, sur le chapitre de l'atavisme, où les contradictions soulèvent tant de disputes.

CHAPITRE II

—

CHOIX DU SYSTÈME ASTRONOMIQUE

La méthode actuelle d'observation du ciel n'a rien de définitif : de nouveaux éléments astronomiques pourraient un jour l'amplifier ou l'éclairer. Nos procédés sont, en effet, basés sur le mouvement *apparent* des astres.

Il se peut qu'en considérant les positions *réelles* du système planétaire, de nouvelles déterminations soient préférables ; mais rien ne le prouve *a priori*.

En vertu de la fatalité mathématique des mouvements célestes, le langage exprimé par les positions géocentriques contient peut-être implicitement tous les facteurs de l'influence astrale.

Quoiqu'il en soit, l'étude des *correspondances* restera toujours la même dans son sens philosophique : elle nécessitera la multiplicité d'exemples à étudier et à comparer entre eux pour dégager les lois d'influence, qu'il s'agisse de facteurs numériques ou géométriques comme base d'étude, et de tel ou tel système astronomique admis.

Beaucoup de découvertes sont à faire ; mais si elles

sont de nature à rectifier les lois que le ciel apparent nous enseigne, elles ne peuvent évidemment détruire celles-ci en entier. Aussi ne peut-on s'égarer en avançant — avec prudence, cela s'entend — comme nous l'avons indiqué.

Beaucoup d'exemples et peu de théories, telle doit être la devise de la vraie science d'observation — surtout quand il s'agit d'une science à refaire.

La philosophie qui en découle viendra ensuite d'elle-même. La difficulté est beaucoup moins de l'entrevoir que de la justifier.

En fait de Science, n'oublions jamais qu'une parcelle de vérité vaut mieux qu'une montagne de probabilités.

CHAPITRE III

—

INFLUENCE GÉNÉRALE DES ASTRES SUR LA NAISSANCE

Notes ataviques sautant des générations. — L'atavisme astral enregistre des notes particulières qui se répercutent de génération en génération, restant souvent presque effacées dans l'ensemble des facultés innées, mais réapparaissant soudain comme notes dominantes sous un ciel favorable en harmonie avec elles, et qui se trouve correspondre à l'époque normale de la naissance.

Delà les ressemblances ataviques qui sautent plusieurs générations ou se ramifient irrégulièrement dans l'hérédité collatérale, et qui ont fait dire à Darwin que *jamais la science ne viendrait à expliquer ces bizarreries de la nature :* l'hérédité étudiée à travers les astres nous éclaire cependant là-dessus. En reculant nos connaissances, elle les *explique*, puisque elle les rattache à d'autres plus générales.

En comparant je suppose, dans le dernier exemple du recueil, les nativités A et D, nous avons trouvé des aspects semblables.

La quadrature du Soleil avec Saturne *entre le Ver-*

seau et le Scorpion ne pouvait exister chez B et C vers l'époque de leur naissance. Mais la nature a semblé profiter de la rencontre planétaire en question (en février 1867) pour la nativité de l'arrière-petit-fils D.

On pourrait expliquer ce phénomène très fréquent d'atavisme en disant que *la nature spécialise les facultés héréditaires d'après les influences astrales de l'époque de nativité qui sont le plus d'accord avec le genre latent d'atavisme.*

Sans prétendre à la paternité de ces idées, probablement fort anciennes et qui s'imposent à l'observation naturelle des astres, nous avons surtout cherché à les justifier par des exemples nombreux. Démontrer la « fréquence » est le seul moyen d'échapper au reproche de la « coïncidence ».

Naissance prématurée. — Il est probable que la naissance prématurée résulte habituellement de phénomènes analogues aux précédents. Si, vers le septième ou huitième mois de gestation, un maximum de ressemblance héréditaire se présente dans la disposition des planètes, l'accouchement tendra à se produire.

Nous possédons plusieurs cas d'enfants ainsi venus au monde pour lesquels la ressemblance planétaire était nettement indiquée à l'époque avancée, tandis que dans le neuvième mois les notes d'hérédité céleste, à caractère stationnaire, devenaient beaucoup plus rares.

Du mode probable d'opération de l'influence astrale à la naissance. — Ces remarques et une infinité d'autres semblables nous conduisent à admettre un double phénomène tendant à se produire à la nativité et que nous avons exprimé déjà sous diverses formes (Influence astrale — chapitre I et IV) :

1° L'enfant tend à venir normalement au monde sous un ciel *conforme à son atavisme* ;

2° Le ciel de nativité agit, d'autre part, indépendamment de cet atavisme pour *modaliser* celui-ci d'une façon spéciale.

Si, en effet, les astres se bornaient à être une cause déterminante de la naissance, autrement dit si le ciel de nativité n'était qu'une simple indication générale de l'essence atavique, aucune distinction ne serait possible entre les enfants d'une même famille *jugés par leurs ciels de naissance*. Or, mille preuves affirment le contraire, malgré les préjugés à cet égard ; et il est généralement facile entre frères et sœurs, de distinguer, d'après les dates seules de nais-sance, l'enfant qui tranche sur les autres par ses facultés ou par sa destinée (voir les lois d'influence dans Langage astral).

D'autre part, le saut atavique des notes planétaires confirme ces remarques : il correspond d'ordinaire à l'hérédité ancestrale qu'on observe dans le plan maté-riel ou dans le plan moral.

Si la nature nous fait naître sous certains aspects célestes plutôt que sous d'autres, ce n'est certaine-ment pas par simple bizarrerie sans cause. On doit voir là une application très nette du principe de continuité, en prévision d'un influence astrale *direc-trice*.

Celle-ci ne doit pas brusquement modifier « l'aimantation » que le nouveau-né tient de la mère directement et du père indirectement, mais bien au contraire la renforcer suivant la modalité cosmique du moment, choisie par la nature, le plus conforme au germe atavique, — germe latent transmis de génération en génération et plus ou moins modifié.

Si l'accouchement est normal, les astres à la naissance ne changent donc pas, à proprement parler, la nature de l'enfant ; ils semblent la *caractériser* plutôt d'après les lois d'hérédité céleste, et la *spécialiser* suivant le ciel favorable du moment.

De plus, l'influence astrale de naissance *oriente* l'individu et en indique les *réceptivités* générales vis-à-vis des influences du cours de la vie. Celles-ci marquent les phases saillantes de l'évolution vitale, — non pas en forme mais en potentiel.

Tout cela est de l'expérience et découle des contrôles qu'on peut varier à l'infini à travers les données astronomiques, comme nous l'avons fait sur des centaines d'exemples. Au reste, les trois phénomènes fondamentaux des influences célestes sur l'homme (hérédité, caractère et destinée) sont des conséquences les uns des autres. Comme on l'a vu, le premier entraîne le second ; et celui-ci implique *a priori* le troisième : l'homme, en effet, étant soumis aux astres à sa naissance ne saurait dans la suite leur devenir complètement étranger, surtout sans volonté cultivée. Le passé, le présent et le futur du nouveau-né sont donc écrits dans le ciel de sa naissance, du moins avec une signification générale.

Le reproche de « déterminisme » absolu ne pourrait être ici qu'ignorance ou mauvaise foi.

CHAPITRE IV

—

APPLICATIONS DIVERSES
DES LOIS D'HÉRÉDITÉ ASTRALE

Recherches généalogiques. — Une des premières idées qu'inspirent les lois d'hérédité astrale est celle des recherches généalogiques, et en particulier de la paternité. Mais il ne faudrait pas en conclure à la légère le moyen infaillible de résoudre celle-ci. Et le ridicule devrait retomber sur ceux qui s'efforceraient à caricaturer cette idée.

Non seulement plusieurs individus, sans parenté aucune, peuvent avoir eu des nativités très semblables, mais encore les lois de sympathie et de rapprochement sexuel ont des correspondances astrales très voisines de celles de l'hérédité. Elles éclaireront probablement un jour les lois si variables du magnétisme des hommes entre eux.

On conçoit ainsi qu'une femme mariée deux fois puisse engendrer avec son deuxième époux un enfant dont le ciel de naissance aura quelques traits semblables à ceux du premier : il peut y avoir là simple *hérédité d'attraction.*

L'identité des ascendants, par exemple, qui est une note atavique fort commune, est en même temps fréquente dans l'attraction sexuelle. Sa signification devient donc ambiguë.

Mais il est incontestable dans les cas réellement frappants comme ceux de notre recueil (Exemple II et III entre autres), que la science des astres peut offrir quelquefois une garantie excessivement voisine de la certitude. Dans de pareils exemples, on aurait en effet bien de la peine à retrouver d'autres nativités offrant une ressemblance aussi significative, — même si l'on avait le choix entre plusieurs milliers, ce qui n'est généralement pas le cas dans la recherche en question. Les astres fournissent donc une base scientifique à l'étude de la filiation : ils peuvent nous éclairer sur le passé autant peut-être que sur l'avenir.

— Comme application, nous avons eu l'idée de comparer les généalogies astrales des *Naundorf* et des *Bourbon*, ce qui mène à un résultat fort curieux ; nous le donnons tout brut, à un point de vue d'intérêt purement scientifique.

Les trois figures célestes représentées sont celles de *Louis XVI* (déjà signalée à l'exemple XIX), de la reine *Marie-Antoinette* son épouse, et du chef actuel de la famille Naundorf, *Auguste Naundorf*, petit-fils du fameux Charles Naundorf (Louis XVII?)

Les dates des nativités qu'on trouve dans les biographies sont :

Louis XVI :   — Versailles, 23 août 1754
Marie-Antoinette :   — Vienne, 2 novembre 1755
Auguste Naundorf : — Maëstricht, 6 novembre 1872

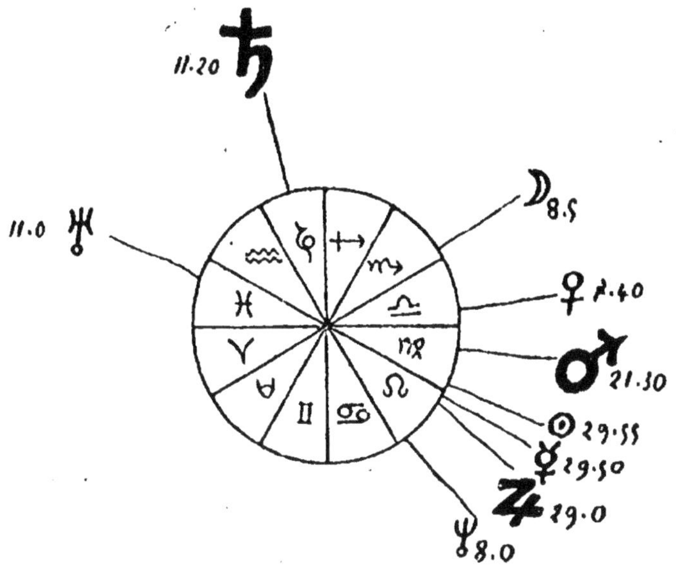

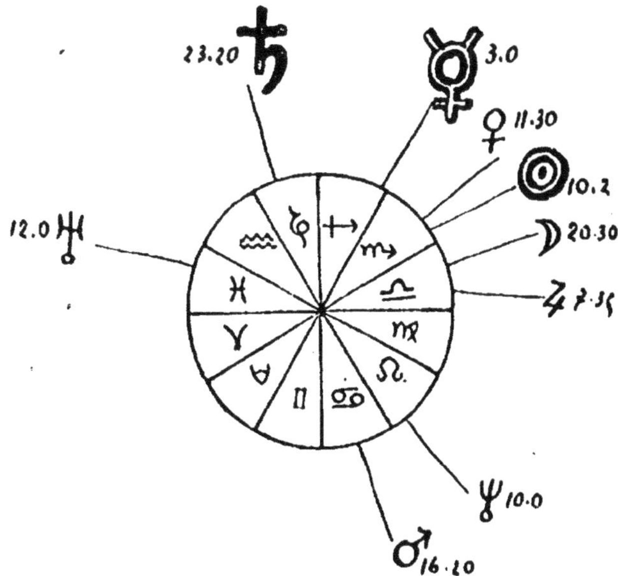

Nous nous abstenons de commentaires et de conclusion sur la question Louis XVII; mais, en supposant les dates exactes, il est permis d'affirmer ce que chacun peut vérifier mathématiquement; à savoir que l'héritier actuel des Naundorf, — qui se dit à tort ou à raison arrière-petit-fils de Louis XVI et de Marie-Antoinette, — est né sous un ciel où la double similitude planétaire vis-à-vis de ceux-ci est un fait indiscutable.

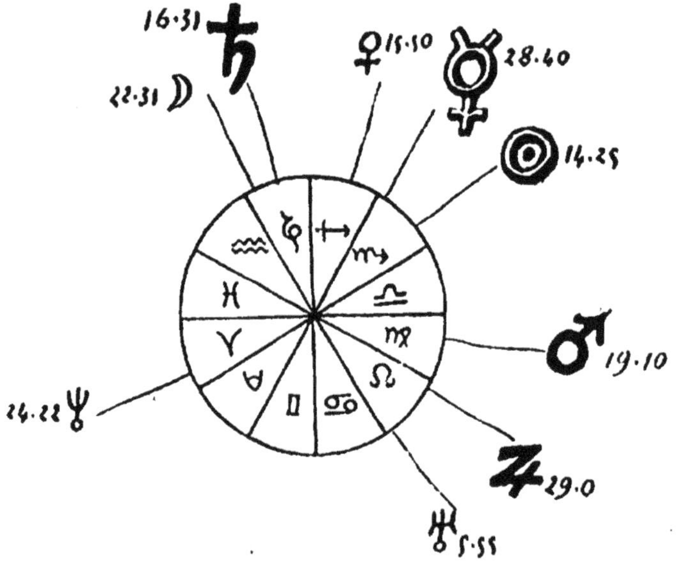

A l'inspection seule des figures célestes, on croirait voir dans la dernière la superposition des deux premières. Chez Auguste Naundorf, Mars et Jupiter sont aux mêmes lieux du ciel que chez Louis XVI; le Soleil et Mercure sont disposés comme chez Marie-Antoinette. Saturne est le même dans les trois nativités.

Cinq planètes sont donc reproduites semblablement chez Naundorf.

Signalons encore le trigone entre Vénus et Uranus commun à celui-ci et à Marie-Antoinette. De plus, la Lune possède, comme chez Louis XVI, la quadrature de Neptune et le sextile du Soleil. La Lune, dans le Capricorne, paraît en même temps caractéristique des Bourbons, car le dauphin, fils de Louis XV, ainsi que deux des enfants de Louis XVI en présentaient le cas.

Chez A. Naundorf comme chez Louis XVII (voir exemple XIX), on trouve le Soleil en quadrature d'Uranus, et en sextile à la fois sur Saturne et Mars. Enfin la place de Vénus au milieu du Sagittaire est la même que celle de la naissance du grand dauphin, fils de Louis XIV.

Toutes les planètes de la nativité de 1872 ont donc des caractères d'*atavisme possible* et constituent, par conséquent, une convergence singulièrement frappante. En résumé, si l'on se reporte à l'exposé sommaire donné plus haut pour les variations des facteurs astronomiques, on est forcé de convenir que la date du 6 novembre 1872 offrait un maximum de double similitude planétaire qu'on pourrait croire choisi exprès parmi les trente-six mille cinq cents journées du siècle précédent.

Accouchement artificiel. — Puisque la nature tend à faire naître l'enfant sous un ciel conforme à celui des parents vers l'époque normale de la naissance, on conçoit le parti qu'on pourrait tirer des lois d'hérédité astrale pour réaliser favorablement un accouchement artificiel. La position de la Lune dans le

Zodiaque devrait préoccuper avant tout, et l'heure de l'opération ne serait pas non plus sans importance.

Epoques de conception. — Les lois d'hérédité peuvent encore s'appliquer au choix des époques favorables ou non pour la conception.

Comme on peut le voir sur nos exemples, l'atavisme est souvent transmis par la *Lune*, *l'Ascendant* et le *milieu du Ciel* qui sont les éléments les plus variables du Zodiaque de nativité.

Il est donc rare que pendant un intervalle de plusieurs jours, une naissance ne puisse s'opérer sous un ciel montrant des facteurs héréditaires. Aussi le fait prouvé que « l'on ne naît pas à n'importe quel moment » n'entraîne-t-il pas forcément des époques de conception *possible* ou *impossible,* bien qu'à d'autre point de vue la chose semble probable.

Mais il est hors de doute qu'il existe des moments de conception plus ou moins *favorables.*

Je suppose, par exemple, que les conjoints soient nés l'un et l'autre sous une conjonction du Soleil et de Saturne. Si cet aspect-là (qui peut durer une quinzaine de jours) doit avoir lieu vers l'époque normale de la naissance de l'enfant, il est à craindre que la nature profite de cette note doublement héréditaire pour libérer celui-ci.

Or, d'après les lois expérimentales des influences célestes, une telle conjonction est toujours suspecte au point de vue vital : si elle est située dans l'horizon, il est à peu près certain que la santé du nouveau-né sera précaire.

Cette conjonction supposée en position néfaste pour

les parents le serait presque sûrement par hérédité chez l'enfant.

On comprend alors le danger de procréer à certaines époques.

D'autre part, les lois d'harmonie astrale peuvent de la même façon éclairer sur les époques de procréation favorables qui précèdent de neuf mois des aspects à la fois *bénéfiques* et *héréditaires*.

Il y a peut-être là le véritable secret du progrès de la race humaine. Mais son application nécessiterait auparavant chez celle-ci un degré d'évolution dont elle est loin encore.

Il ne faut pas se dissimuler la difficulté du problème à résoudre en face des lois de filiation céleste ; car si leur contrôle est relativement facile, leur application est la chose la plus délicate à réaliser.

Quelques auteurs ont écrit déjà sur les époques favorables de conception précédant de neuf mois un ciel particulièrement harmonieux, car l'idée n'est pas neuve. Mais le point difficile ici réside dans la connaissance des lois d'hérédité permettant de prévoir si le ciel en question est *possible* pour la naissance, en vertu de ces lois.

CHAPITRE V

—

OBJECTION DES NATIVITÉS SEMBLABLES AU MÊME MOMENT ET AU MÊME LIEU

Les facteurs astronomiques, qui servent de base à nos figures, dépendent non seulement du *moment* de la naissance, mais de son *lieu* précis ; ce dernier intervient dans les calculs par l'*heure locale* de son méridien et par sa *latitude* géographique.

Le Milieu du Ciel et l'Ascendant, qui jouent comme on l'a vu un rôle héréditaire si important, dépendent exclusivement de ces données locales. Toutefois, les limites d'appréciation existent, et il est difficile de distinguer entre elles les nativités très rapprochées, comme celles pouvant survenir pendant un intervalle de temps de 4 minutes environ, sur une région géographique limitée par un degré de méridien et un degré de parallèle. L'étendue d'un département français peut donner quelque idée de la zone limite d'appréciation.

En 24 heures, il y a 15 × 24 soit 360 intervalles de 4 minutes. On voit donc que l'étendue d'un département comporte un *maximum* de 360 nativités en une journée présentant des nuances distinctives qu'une étude aussi détaillée que possible pourrait apprécier. De plus, en des lieux éloignés, mais à latitudes voisines, la similitude d'*heures locales* conduit quelquefois à des figures célestes fort peu différentes. Dans les centres où la population est dense, comme à Paris je suppose, on conçoit qu'un assez grand nombre d'individus peuvent être venus au monde avec des notes astrales sensiblement communes.

Nous allons expliquer ce que cela signifie en résumant les divers arguments exposés déjà ailleurs.

1° Chacun sait qu'en fait de *combinaison*, dans l'ordre abstrait comme dans l'ordre concret, les composés sont souvent très différents des composants. Dans certains cas ; on le voit par exemple en chimie pour les corps isomères, deux composés peuvent très bien n'avoir aucune propriété commune en *apparence*, quoique étant décomposables en éléments semblables par l'analyse chimique.

Jamais un observateur sérieux n'a soutenu que le ciel de nativité permettait de définir à lui seul l'homme tout entier, dans ses facultés et dans sa destinée à l'exclusion de toute autre personne.

Le milieu social, le libre arbitre et enfin le germe atavique si complexe, peuvent différencier à l'infini les individus. N'oublions pas que l'homme porte en lui, non seulement les notes astrales de son ciel de naissance, mais encore (à l'état latent) les notes astrales des nativités de ses ancêtres — remarque qui tend à s'imposer dans l'étude de l'atavisme céleste, et qui montre que l'idée de race est autre chose qu'un simple préjugé.

— Pour deux individus, nés sous le même ciel, le maximum de ressemblance nécessiterait un atavisme identique. Le cas ne se présente donc jamais normalement, mais la similitude très fréquente des jumeaux (quand ils naissent à des moments rapprochés) légitime nos remarques (1). De nombreuses statistiques médicales, celles de M. Galton entre autres, ont prouvé cette ressemblance — parfois très voisine de l'identité — non seulement au point de vue des tendances mais aussi à celui de la destinée.

— Notons le cas anormal de deux enfants qui naissent liés et qui ont, par conséquent, le même ciel de nativité. Si une opération chirurgicale les délie, il est prouvé que leurs vies peuvent ne pas être identiques, comme cela s'est vu en 1901 pour les deux sœurs hindoues, Doodica et Radica. La première est morte et la seconde a survécu. Cet exemple prouve que la vie humaine est soumise à d'autres influences que celles des astres de la naissance.

Il est vrai que des monstruosités isolées ont peu de valeur dans cette discussion.

— L'enfant tend à se séparer de la mère sous une ambiance (astro-magnétique sans doute) conforme aux prédispositions qu'il tient de ses parents plus ou moins éloignés ; d'après les analogies ataviques étudiées, il y a tout au moins deux choses qui opèrent normalement à la naissance : d'une part le magnétisme *héréditaire*, d'autre part, celui de la *naissance*, que la nature tend à choisir en harmonie avec le

(1) Voir *Influence astrale*, p. 29.

premier, et vis-à-vis duquel il semble avoir une influence plus ou moins *directrice* — suivant ce degré de conformité sans doute.

En tout cas, l'observation permet de dégager certaines lois générales d'influence relatives à ce ciel, indépendamment même de toute connaissance sur l'origine de l'individu ; et cela suivant des limites qu'il est illusoire de prétendre assigner *a priori*. L'observation répétée peut seule nous éclairer là-dessus ; et elle recule ces limites beaucoup plus loin qu'on est tenté de le croire.

— En résumé, bien que le facteur cosmique de la nativité soit, à notre avis, prépondérant, le milieu social, le libre arbitre et surtout l'hérédité latente, sont capables de modifier l'individu.

Ces facteurs-là ne renversent aucunement les lois planétaires, qui semblent s'exercer dans des plans différents en puissance et non en forme.

— Le lieu commun des « mêmes *causes* devant amener les mêmes *effets* dans les mêmes *conditions* » n'a aucune portée comme objection scientifique.

Ici surtout, ce serait une duperie puisque nul ne connaît *toutes* les « conditions » qu'il faudrait réaliser dans la nature humaine pour les « effets » — ou correspondances astrales — à observer. L'objection reste donc sans valeur si l'on omet volontairement ou non quelqu'une des conditions requises ; et quel savant peut être sûr de n'en pas omettre ?

La science a pour but *toutes les vérités naturelles*, — qu'elles soient observables facilement ou non, peu importe. — Vouloir, comme quelques-uns, la renfermer dans une formule, c'est condamner ses progrès, puisqu'à chaque instant on découvre des facteurs nouveaux capables de modifier les conditions anciennes, requises pour tel ou tel phénomène. Doit-on, exclure de la Science les lois de la pesanteur, sous prétexte que le magnétisme parait quelquefois les détruire ?

2° Certains ciels de naissance sont beaucoup moins nets à définir que d'autres au point de vue de leur influence sur nous. D'autre part, rien ne prouve *à priori* que les nativités ne soient pas plus fréquentes sous certains aspects planétaires que sous d'autres. L'enchaînement des lois ataviques et astrales tend à faire supposer le contraire. S'il s'agit d'un individu exceptionnel, il serait intéressant de prouver que d'autres que lui sont nés au même lieu et au même moment, sans aucun parallélisme de tendances et de destinée ?

Il est très probable que les naissances simultanées au même lieu, ont un ciel moins caractéristique, pouvant par cela même servir de tonique commune à un nombre beaucoup plus grand de germes ataviques distincts.

Ceci expliquerait la difficulté qu'il y a parfois à traduire le langage astral en langage courant. Mais il est toujours facile de distinguer entre eux les individus à facultés opposées.

Au reste, de toutes les catégories d'éléments qui servent à différencier les individus, les combinaisons planétaires, par leur infini variété, forment peut-être encore le plus riche langage.

Serait-il plus logique de négliger ces données-là sous prétexte de correspondances communes à plusieurs individus, que d'omettre, dans le signalement physique de quelqu'un, la couleur de ses yeux et de sa chevelure parce que beaucoup d'autres ont la même ?

La valeur distinctive du facteur astral surpasse à notre avis celle de tous les autres employés pour définir l'homme ; surtout si l'on connaît les astres de nativité relatifs aux ancêtres. — On conçoit ainsi l'intérêt que pourrait avoir la culture de l'arbre généalogique dans les familles.

En remontant quelques générations, l'observation tend à prouver que l'on peut rencontrer çà et là presque toutes les notes astrales de la personne étudiée ; mais nous le répétons : ces notes ne sont que des *éléments* d'atavisme qui produisent assez rarement, par leur coordination, les *facultés* héréditaires proprement dites, observées dans la psychologie courante.

3° Enfin un grand nombre de naissances *ne sont pas normales*. La non-conformité des magnétismes d'hérédité et de naissance peut engendrer certaines perturbations vitales et compliquer beaucoup les influences du cours de la vie.

De même la *conception* et la *gestation*, qui ne présentent pas toujours un caractère normal, peuvent modifier l'action des influences célestes depuis l'instant de la procréation.

Tout ceci expliquerait en partie pourquoi certains cas sont moins définissables que d'autres. Aucune loi dans la nature n'est exempte de particularité. Et la vie humaine, étant souvent faussée, ne peut en manquer.

— En résumé, le ciel de la naissance peut caractériser des facultés et une destinée, variables avec l'hérédité qui sert de base, et avec les circonstances ultérieures que traversera l'être humain. Un portrait individuel tiré d'une figure de nativité, lors même qu'il serait d'une ressemblance précise pour la personne visée, peut caractériser d'autres individus chez lesquels la psychologie courante n'établirait presque aucune tendance commune.

De même en chimie : l'analogie de deux corps isomères, différents de propriétés apparentes, ne peut être bien jugée que par le chimiste exercé qui les décompose en éléments semblables. Pour que l'objection des nativités au même lieu et au même moment eut quelque valeur, il faudrait d'abord envisager plusieurs personnes nées exactement sous le même ciel et ensuite démontrer l'absence complète de parallélisme dans leurs tendances et dans leurs phases de destinée.

Remarquons pour terminer qu'il semble extrêmement rare de rencontrer quelqu'un ayant connu deux individus nés au même lieu et au même instant. Nous n'en avons encore jamais trouvé même parmi les chercheurs de profession.

Il est donc difficile de se prononcer d'avance sur l'enseignement qu'aurait à en tirer un observateur exercé.

L'objection des nativités identiques au point de vue céleste, se réduit donc à une pure *question* de détail à discuter, évidemment intéressante, mais qui ne saurait renverser aucun des contrôles positifs tels que ceux de notre recueil.

Il en serait de même de toute autre objection faite sur la réalité de l'Influence astrale à la naissance ; les *questions* ne peuvent être opposées à des *faits*.

CHAPITRE VI

—

HYPOTHÈSES EXPLICATIVES
SUR L'INFLUENCE GÉNÉRALE DES ASTRES

Les hypothèses explicatives sont assez secondaires si elles n'apportent aucun élément nouveau capable de compléter l'étude ou de la simplifier. Sans y attacher plus d'importance qu'elles n'en méritent, nous allons cependant résumer les théories probables auxquelles l'expérience peut conduire et qui ont été développées ailleurs (1).

Les faits qui précèdent étant reconnus réels, le mode d'opération de l'influence cosmique qui nous paraît le plus conforme aux données de la science moderne est le suivant :

On peut assimiler notre système planétaire à une sorte de « dynamo » où les radiations des planètes en mouvement opèrent suivant des lois conformes à la théorie dynamique des vibrations et ondulations — théorie qui sert de base rationnelle à toute la physique contemporaine.

(1) *Influence astrale*, chap. VI.

L'hypothèse précédente a d'abord l'avantage, comme on va le voir, de rendre admissibles les faits connus; elle a en outre celui d'être l'hypothèse la plus générale, puisqu'elle fait rentrer les influences cosmiques de toute espèce, par leurs radiations, dans les influences vibratoires du son, de la chaleur, de la lumière, de l'électricité, du magnétisme, etc.

— Les agents de la nature ne sont, en réalité, que des modes vibratoires différents, pouvant être classés physiquement par leur nombre de vibrations à la seconde : la comparaison des notes basses et hautes de la musique donne l'idée la plus juste de leur caractère distinctif. Ces vibrations sont transmises sous forme d'ondulation aux organes des sens par l'intermédiaire d'un fluide impondérable, l'*éther*; elles nous rendent ainsi perceptibles les phénomènes qui nous entourent. Elles offrent toutes une sorte de parenté : c'est ainsi qu'on démontre que la lumière bleue qui a 630 trillions environ de vibrations simples à la seconde, est à la 42ᵉ octave au-delà du *ut* grave du violoncelle. On conçoit ainsi l'enchaînement de tous les agents de la nature dont une note quelconque, si elle a assez d'intensité, peut engendrer par des lois physiques connues (lois d'Helmoltz), toutes ses harmoniques dans les autres systèmes vibratoires : d'où la dépendance de tous les agents de la nature.

Comme les astres nous envoient de la lumière, ils nous transmettent, par conséquent, des vibrations d'un ensemble plus ou moins compliqué. Leur faiblesse apparente et leur éloignement ne peuvent ici servir d'objection *a priori* contre le principe même de l'influence astrale. Beaucoup de radiations, comme les rayons Rœntgen, par exemple, peuvent opérer a notre insu. Et les ondes électriques seraient bien mal connues si on ne voulait les juger que d'après la propagation des ondes calorifiques ou lumineuses. La photographie, d'autre part, nous révèle non seulement l'*action* manifeste auprès de nous des astres les plus éloignés, mais encore l'influence de radiations mystérieuses qu'on soupçonnait à peine autrefois. Cette théorie des vibrations sidérales, caractérisant une ambiance propre à influencer le magnétisme humain, paraît la seule vraiment scientifique à l'heure actuelle qu'on puisse formuler.

— Certains physiciens modernes ont découvert que le *magnétisme terrestre* subit des variations dépendant des astres de notre système planétaire : il n'est donc pas surprenant que le magnétisme individualisé chez l'homme subisse des lois analogues. Si l'on cherche une explication satisfaisante de l'influence astrale sur nous, toute la question revient à trouver la cause la *plus générale* des correspondances prouvées par l'observation. Il faut se méfier ici des mots qui n'expliquent rien et qui ne font qu'exprimer différemment cette correspondance même, sans remonter à aucune loi connue.

Voici donc le résumé des conceptions qui nous paraissent le plus scientifiquement admissibles en faisant appel d'abord aux faits d'expérience qui précèdent et ensuite aux découvertes principales de la physique moderne, sans en excepter le magnétisme :

Le rapprochement sexuel entre l'homme et la femme a ses lois d'harmonie. Les rapports d'influence astrale entre la conception et la nativité furent signalés jadis par Ptolémée et d'autres savants, comme nous l'avons dit ailleurs. La gestation magnétique s'opère de concert avec la gestation physique ; d'après le principe de continuité, la nature tend à faire naître le nouveau-né sous une ambiance astro-magnétique, le plus conforme à l'aimantation atavique qu'il tient de la mère directement et du père indirectement : d'où les lois d'hérédité astrale exprimées par les figures de nativité. Si les astres, pendant la gestation, n'opèrent sans doute que par l'organisme maternel, au moment où le nouveau-né devient un être *séparé*, son fluide vital en formation d'individualité se *modalise* conformément à l'état vibratoire de l'éther ou atmosphère magnétique du moment ; celle-ci, caractéristique déjà de son hérédité, lui imprime de plus un certain *orientement des facultés*, en même temps qu'une *réceptivité* particulière en face des influences planétaires qu'il subira durant sa vie, — ce qui est d'accord avec beaucoup de phénomènes connus.

En dehors de la liberté humaine qui a sa part indéniable, l'étude de destinée se limite à celle des lois d'*harmonie* et de *dissonance* du magnétisme sidéral : suivant la nature de ses variations perpétuelles et son degré de parenté avec le magnétisme héréditaire et directeur de la nativité, il en résulte des périodes bénéfiques, maléfiques ou mitigées des deux caractères, dont le « potentiel », sinon la forme, peut être connu d'avance, — sans plus de charlatanerie qu'une éclipse de soleil.

On conçoit ainsi facilement pourquoi les génies les

plus complets des temps anciens se sont occupés de la question, avec le souci qu'elle mérite.

Il est entendu par tous les dictionnaires que Ptolémée, Képler, Tycho-Brahé, Cardan, Gauric, Morin de Villefranche... et tant d'autres savants illustres, ont eu l'esprit contaminé par l'épidémie des superstitions de leur époque. Cependant, comme ils n'ont pas tous été des fous et des hallucinés, il est permis de se demander s'ils ont vraiment oublié de chercher les *preuves* d'une science chimérique qu'ils auraient *pratiquée* pendant une partie de leur vie, sans s'apercevoir qu'ils étaient dupes, et sur laquelle ils ont écrit de longs traités avec des centaines d'exemples à l'appui !

Ce point-là a toujours été un gros embarras pour leurs biographes modernes, en général assez prudents pour ne pas insister sur ces « cas de folie ».

Nous n'insisterons pas plus qu'eux, les faits scientifiques étant la meilleure réponse, puisqu'il s'agit ici d'expérience et non de croyance.

A certain point de vue, la crainte du *bûcher* d'autrefois n'a pas fait beaucoup plus de tort à la science que la crainte du *ridicule* d'aujourd'hui.

Si la science intuitive des anciens, moins scrupuleuse que la nôtre, a eu l'insouciance de trop négliger ses procédés de contrôle, son caractère démodé réside beaucoup plus dans les mots et les images de conception que dans le fond même du sujet ; et le contrôle est ici de rigueur pour rejeter autant que pour admettre.

— Il va sans dire que nous avons envisagé le mode d'influence astrale dans son sens le plus général, sans avoir la prétention de formuler une loi rigoureuse sur l'organisme humain, souvent faussé par le caractère anormal de l'accouchement et de la conception.

On pourrait objecter à la théorie des vibrations sidérales l'importance de l'*Ascendant* et en général des propriétés diverses du Zodiaque : mais comme nous l'avons observé déjà (influence astrale, chapitre III), on peut voir dans celles-ci des zones particulières d'influences cosmiques diversement réparties à travers l'espace, indépendamment même des constellations variables qu'on y trouve.

Tel semble, en résumé, le mode d'action des astres le plus probable quand on n'élude rien sur le terrain de la physique contemporaine. Au reste, l'étude des vibrations de tous les agents de la nature conduit à des lois d'harmonie assez semblables, dans leur représentation graphique, à celles des influences célestes.

L'acoustique, comme l'avait jadis observé Képler dans ses « Harmonies du Monde », offre ici une base précieuse. Nous renvoyons à l'étude sur la *Spirale des vibrations* faite dans « Influence astrale » et où nous avons étendu à tous les agents de la nature les lois d'harmonie que présente le cycle musical.

« L'harmonie du monde et celle de la musique ne diffèrent pas », a dit Pythagore, et le jour où la science officielle prendra la chose à la lettre, elle croira peut-être avoir fait là une brillante découverte, mais n'aura fait que prouver une fois de plus que la vérité sait attendre.

TABLE DES MATIÈRES

TROISIÈME PARTIE

SAINT-AMAND (CHER). — IMPRIMERIE BUSSIÈRE.